EAUX MINÉRALES

DE

BAGNERES DE BIGORRE

OBSERVATIONS

SUR

LA NATURE ET LES EFFETS

DES

EAUX MINÉRALES DE BAGNÈRES-ADOUR,

DÉPARTEMENT DES HAUTES-PYRÉNÉES ;

Suivies de la Description des Établissemens thermaux, de celle des Promenades de la Ville et des environs, et des Indications ou Renseignemens nécessaires aux étrangers.

Par P. SARABEYROUZE CADET, de Bagnères, Médecin de l'Hospice civil, Membre correspondant de la Société de Médecine de Toulouse, exerçant à Bagnères depuis 1811.

Les faits sont de tous les temps ; ils sont immuables comme la nature, dont ils sont le langage.

Chimie de Chaptal, vol. I.er, *p.* 47.

A BAGNÈRES,

De l'Imprimerie de J.-M. DOSSUN, libraire, chez qui il se vend,

Ainsi que chez l'Auteur, vis-à-vis la Paroisse, n.° 9,

Et à Toulouse,

Chez VIEUSSEUX, libraire, rue St.-Rome, n.° 46.

1818.

A MESSIEURS LES MEMBRES

COMPOSANT

LA SOCIÉTÉ DE MÉDECINE DE TOULOUSE.

Messieurs ;

La noble émulation qui règne parmi vous ; vos efforts heureusement soutenus pour reculer les bornes de la science médicale , devaient nécessairement donner une heureuse impulsion à vos associés correspondans , en leur offrant des modèles à suivre et des exemples à imiter.

J'ai tenté de marcher sur vos traces , en prenant pour base de mon travail l'observation éclairée par le flambeau de l'expérience. Cet essai ne pouvait être plus favorablement

publié que sous les auspices d'une Société savante qui renferme encore dans son sein des
maîtres qui dirigèrent mes premiers pas dans
la carrière. Veuillez, Messieurs, en accepter
l'hommage, non comme un ouvrage qui mérite
une considération particulière, mais comme un
faible tribut de mon souvenir et de ma vive
reconnaissance.

SARABEYROUZE.

PRÉFACE.

Sɪ les vertus des eaux minérales étaient en raison de l'antiquité de leur vogue et de leur usage, les eaux de Bagnères l'emporteraient sans contredit sur toutes celles des Pyrénées. Cette ville prouve son existence avant l'an 695 de la fondation de Rome. (1) Les Romains, lorsque nos montagnes furent sous leur domination, lui donnèrent le nom de *Vicus Aquensis* (2), à cause de la grande quantité d'eaux minérales chaudes dont elle était enrichie : ils apprirent

---

(1) Essai historique de la ville de Bagnères, par Laspales.

(2) *Vicus*, parmi les Romains, désignait un bourg principal, et pour le distinguer des autres petites villes, on y joignit le mot *Aquensis* (aqueux), à cause de ses sources. Le nom de Bagnères, dans l'idiome gascon, répond à l'ancienne dénomination.

aux habitans de Bagnères à faire usage de
leur trésor ; et ces derniers, par un motif
de reconnaissance peut-être, ou pour plaire
à César, érigèrent à la divinité de leur
vainqueur un temple, sur le frontispice
duquel ils firent graver en caractères romains, sur un bloc de marbre, l'inscription
latine suivante :

NVMINI AVGVSTI SACRVM,
SECVNDVS SEMBEDONIS FILIVS,
NOMINE VICANORVM AQVENSIVM ET SVO POSVIT. (1).

De leur côté, les Romains, guéris par
les eaux de Bagnères, y laissèrent des monumens de leur reconnaissance : un de ces
monumens, en l'honneur des nymphes,
atteste la gratitude d'un malade rétabli,

---

(1) Ce temple, construit sur la place publique de St.-
Martin, où il subsista jusqu'à l'établissement de l'évangile
dans les Gaules, fut dans la suite converti en une église
sous l'invocation de Saint Martin de Tours. L'inscription
Numini Augusti demeura dans les murailles de cette
église jusqu'en 1641, qu'elle fut transportée sur la fontaine publique que l'on fit construire à la porte méridionale de la ville, où elle existe encore. *Laspales.*

par une inscription en caractères romains gravés sur du marbre, en ces termes :

NYMPHIS PRO SALVTE SVA SEVER. SERANVS.
V. S. L. M. (1).

Malgré ces cures opérées par les eaux de Bagnères, leur usage a dû néanmoins être livré pendant des siècles au simple empirisme vulgaire. D'un autre côté, la plupart des bains n'étaient que des espèces de lacs, ou de vastes et sales piscines en

---

(1) Cette inscription, indiquée par Oïenard dans ses notices de l'une et l'autre Gascogne, était autrefois incrustée dans la muraille de la ville, à côté de la porte de Salies, avant sa démolition. Elle a été depuis peu placée au-dessus de la porte d'entrée de la maison qui appartient actuellement à M. Jalon. D'Orbessan en explique la dernière ligne de la manière suivante :

V.	S.	L.	M.
Vivens	*sanus*	*luit*	*merito*,

ou bien

V.	S.	L.	M.
Vitâ	*salvâ* ou *servatâ*	*luit*	*merito*.

M. du Mége interprète ainsi ces lettres initiales :

V.	S.	L.	M.
Votum	*solvit*	*lubens*	*merito*.

plein air , ou mal abritées , dans l'usage desquels les lois de la décence et de la pudeur devaient nécessairement recevoir des atteintes. L'emploi de ces sources , sous forme de bains ou de douches , devait être par conséquent très-peu commode , et souvent même dangereux.

Mais que n'a pas gagné Baguères depuis ces époques si reculées , sous le rapport de la commodité, de l'élégance et de la salubrité des établissemens d'eaux minérales et des logemens qu'elle offre aux étrangers ? Sa riante situation dans une plaine que fertilise l'Adour, au pied des Pyrénées, sur lesquelles domine le superbe Pic du Midi ; la variété des productions du sol , l'abondance des vivres de toute espèce , la propreté des maisons et des rues , sans cesse balayées par des courans d'une eau vive et limpide, la facilité de ses communications, les agrémens de ses places publiques , d'une foule de promenades , tous les jours augmentées et embellies par les soins d'une administration attentive et pleine de goût ;

la variété des plaisirs , compatibles avec la décence , que l'on y voit régner dans la saison des eaux, les prévenances et l'affabilité des habitans , qui joignent à la politesse du siècle cette franchise qui caractérise les montagnards : toutes ces qualités , tant de précieuses ressources ont été célébrées comme à l'envi par des historiographes , des naturalistes, des poètes et des médecins. C'est par ces motifs que Marca , Dubartas, Michel Montagne, Castetbert , etc. , etc. , donnent à Bagnères le nom de *séjour délicieux , paradis terrestre* (épithète , dit le médecin Castetbert, qui lui sera conservée tant que le goût des plaisirs et l'amour de la santé subsisteront), et qu'ils signalent cette petite ville comme la métropole de tous les établissemens thermaux.

Ille terrarum , præter omnes angulus ridet.

Bagnères n'est pas le seul endroit où la nature ait prodigué ses faveurs , elle les a distribuées d'une main aussi libérale aux

lieux environnans que les étrangers fréquentent avec tant d'avantage, pour seconder les effets de nos sources, et faire
une heureuse diversion aux maladies, sur-
tout morales, dont ils sont tourmentés.
Que de maux nerveux n'ont pas été sus-
pendus ou soulagés par le spectacle enchanteur que présentent les délicieuses vallées de Trébons, de Bagnères et de Campan !.... Le savant Ramond a fait de cette
dernière et de Bagnères un tableau séduisant : « Je ne peindrai point cette belle val-
» lée qui le voit naître (l'Adour), cette
» vallée si connue, si célébrée, si digne de
» l'être; ces maisons si jolies et si propres,
» chacune entourée de sa prairie, accom-
» pagnée de son jardin, ombragée de sa
» touffe d'arbres; les méandres de l'Adour,
» plus vif qu'impétueux, impatient de ses
» rives, mais en respectant la verdure; les
» molles inflexions du sol, ondé comme
» des vagues qui se balancent sous un vent
» doux et léger; la gaieté des troupeaux,
» et la richesse du berger; ces bourgs opu-

» lens formés , comme fortuitement, là où
» les habitations répandues dans la vallée,
» ont redoublé de proximité ; Bagnères ,
» ce lieu charmant où le plaisir a ses autels
» à côté de ceux d'Esculape , et veut être
» de moitié dans ses miracles , séjour déli-
» cieux , placé entre les champs de la Bi-
» gorre et les prairies de Campan , comme
» entre la richesse et le bonheur ; ce cadre
» enfin , digne de la magnificence du ta-
» bleau ; cette fière enceinte , où la nature
» oppose le sauvage au champêtre ; ces ca-
» vernes , ces cascades , visitées par tout ce
» que la France a de plus aimable et de
» plus illustre , etc. , etc. »

Bagnères avec ses alentours , réunissant
les rares avantages dont nous venons d'es-
quisser le tableau , devait nécessairement
être fréquentée par des malades de tous les
pays du monde et de tous les rangs. Le
lecteur verra peut-être avec quelqu'intérêt,
une petite partie de la nomenclature par
ordre des dates , des principaux person-

nages qui se sont trouvés à Bagnères à différentes époques.

Extrait des Archives de la Ville.

On ne connaît pas d'autre personnage plus ancien que Sévère Séranus, auteur de l'inscription, *Nymphis pro salute suâ.*

Centulle III, comte de Bigorre, était à Bagnères le 4 des nones de mai 1171.

Esquivat II, comte de Bigorre, y était le 4 des calendes d'octobre 1252, et le 11.ᵉ jour avant les nones de septembre 1262.

Henri de Transtamare, roi de Castille, était à Bagnères en 1367, et n'en partit qu'en 1368; il y séjourna près d'un an.

Jean et Cathérine, roi et reine de Navarre, comte et comtesse de Bigorre, y étaient en 1492.

Henri, roi de Navarre, comte de Foix et de Bigorre, y était dans le mois de mai 1551.

La reine Jeanne de Navarre était à Bagnères dans le mois de juin 1567.

Henri le Grand, roi de Navarre, y était en 1583.

Le Duc du Maine était à Bagnères en 1675, 1677, et 1681. Le duc de Chartres et sa femme, en 1746. La comtesse de Toulouse, en 1750. Le prince d'Elbeuf, en 1679. Et la princesse des Ursins, en 1712.

Le maréchal d'Ornano y était en 1606. Le duc de Pernon en 1627. La maréchale de Gramond, en 1660. Le maréchal d'Albret et sa femme, en 1671. Le maréchal de Créqui, en 1684. Le maréchal de Montrevel, en 1705, et 1708. La maréchale de Barwick, en 1712. Le maréchal de Biron, en 1746. Le maréchal de Richelieu, en 1758, etc., etc., etc.

Nous terminons ici la citation de cette nomenclature, qui, toute incomplète qu'elle est, contient encore le nom de plus de cent individus, milords anglais, grands d'Espagne, princes allemands, polonais et même russes, qui, jusqu'en 1802, ont fréquenté les eaux minérales de la ville de Bagnères, dont ils éprouvèrent les salutaires effets, et qui, par leurs fréquens retours et les témoignages authentiques de leur reconnaissance, l'ont plus ou moins illustrée.

OBSERVATIONS

SUR LA NATURE ET LES EFFETS

DES EAUX MINÉRALES DE BAGNÈRES.

PREMIÈRE PARTIE.

LES eaux minérales de Bagnères n'eurent
jamais d'historiens fameux, et moins encore
des prôneurs célèbres et complaisans. Sans
titres ni qualités qui pussent en imposer à ses
lecteurs et enlever les suffrages, le chirurgien
Descaunets, dont le zèle était secondé par
celui des médecins les plus instruits qui exer-
çaient sur les lieux, recueillit quelques faits
pratiques à Bagnères et à Barèges, plus de
trente ans avant les écrits des Bordeu. Il
donna le premier exemple de la médecine
d'observation près des établissemens thermaux.
Il publia la première édition de son opuscule
en 1718 : il fit des jaloux; il trouva des contra-

dicteurs parmi ceux à qui ses travaux avaient
été le plus utiles , et qui s'étaient enrichis
de ses dépouilles ; et l'éditeur passionné de
1769, du précis d'observations sur les eaux
de Barèges et les autres eaux minérales du
Bigorre et du Béarn , osa proclamer dérisoi-
rement l'estimable Descaunets , un des plus
zélés *chevaliers* des eaux thermales de Bagnères (1).

L'art de décomposer les eaux était pour
ainsi dire inconnu du temps de Descaunets.
La chimie était encore dans son enfance en
1754, lorsque MM. Venel et Baïen furent en-
voyés par le Gouvernement pour faire la visite
et l'analyse des eaux minérales du royaume.
Leurs propriétés n'étaient guère connues que
par leurs effets ; mais les heureux effets
produits par les eaux et les bains de Bagnères
sur les malades de tous les âges et de tous les
rangs , qui depuis des siècles y avaient afflué

---

(1) Notez bien que les observations publiées par Descaunets sont tout aussi relatives aux eaux de Barèges qu'à
celles de Bagnères , et qu'il fait des vertus médicinales des
eaux de Barèges un tableau si parfait , qu'il serait impossible
d'y rien ajouter de nos jours. Preuve bien évidente de
l'impartialité de l'auteur , et des vues d'utilité publique dont
il était animé.

de toutes les parties du monde, étaient si connus, si multipliés, que les Bagnerais, à l'époque dont nous parlons, n'avaient rien à désirer du côté de la réputation et de la célébrité.

Il n'en était pas de même des autres sources minérales des Pyrénées ; il y avait encore beaucoup à faire pour leur donner de la vogue et du crédit. Barèges n'était guère fréquenté que pour les blessures provenant de coups de fer et de feu. Bordeu le père, dans une dissertation sur les eaux minérales du Béarn, qui parut en 1750, nous apprend que l'on ne se servait des eaux de Bonnes, inconnues avant le docteur Théophile et son père Antoine, que pour les plaies et les ulcères, et que l'on ne les employait que très-rarement pour les maladies internes. A la même époque, les eaux chaudes, situées ainsi que les premières dans la vallée d'Ossau, à quatre lieues de Pau, n'étaient au contraire en usage que pour les maladies internes. Elles étaient très-peu suivies, tandis que l'affluence prodigieuse des Béarnais qui fréquentaient tous les ans les eaux de Bagnères, et leur donnaient la préférence sur les eaux de leur pays, bien plus à leur portée, contrastait singulièrement avec les prétentions des médecins béarnais inspecteurs de leurs sources, et donnait déjà la mesure des travaux et des efforts qu'ils seraient obligés de faire pour les accréditer et leur donner en quelque sorte une nouvelle existence.

Cette tâche importante fut d'abord remplie par Théophile de Bordeu. Ce jeune médecin parut le premier sur les rangs avec cet avantage que lui donnaient l'honneur d'avoir travaillé de concert avec M. de Lamure, célèbre professeur de l'école de médecine de Montpellier, à l'examen des opinions d'Hamberger, sur la respiration, et à celles de Willis, sur la plus ou moins grande dureté de l'organe encéphalique; et sur-tout les talens distingués et le succès avec lequel il soutint, en 1742, à la même école, sa thèse sur les phénomènes du sentiment et du mouvement considérés dans toutes les parties de l'économie.

Les premiers essais sur l'histoire des eaux minérales du Bigorre et du Béarn furent publiés en 1746, par Bordeu le fils, sous la forme de lettres, qui lui permit de donner à son imagination plus de carrière qu'un traité méthodique. Ces travaux consignés dans le journal des savans, et exécutés avec l'enthousiasme d'un écrivain qui rend compte des productions inconnues de son pays natal, eurent tout le succès que leur auteur pouvait en attendre.

Mais, c'est sur-tout le 25 février de l'année 1754 que Théophile de Bordeu, dans une longue dissertation sur les eaux minérales de l'Aquitaine, soutint aux écoles de médecine de Paris, avec une supériorité de moyens peu communs, sa doctrine sur la nature, la marche, le traitement et la terminaison des maladies chroniques, dans le but de déduire de cet intéressant examen les effets généraux des eaux minérales de sa province. Les observations de Descaunets, ses propres observations, celles de son père, médecin de l'hôpital militaire de Barèges et intendant des eaux minérales de la vallée, et de son frère François de Bordeu, adjoint aux travaux de leur père commun, lui fournirent des matériaux propres à discuter de grandes et fameuses questions, et à terminer à l'avantage des parties les plus intéressées, des débats dont l'objet pouvait être regardé comme une *affaire de famille* de la plus haute importance.

Bordeu penchait vers le solidisme ; il était partisan de l'antique doctrine de Thémison et d'Asclépiade, qui réduisaient presque toutes les maladies aux vices de *relâchement* et de *resserrement*. Il avait cru reconnaître dans les propriétés des sources minérales des Pyrénées des différences qui cadraient très-bien avec ce que les anciens observateurs nous avaient transmis du *strictum* et du *laxum*, comme causes des maladies ; et c'est sur ces différences qu'il fonda, dans la dissertation dont nous venons de parler, son grand systême des eaux minérales de Bigorre et du Béarn.

Dans son but, Bordeu dût célébrer dans les eaux sulfureuses des vertus diaphorétiques, relâchantes, adoucissantes, émollientes, propres à diminuer les étranglemens, les grippes, les irritations, les spasmes des différentes parties; et il dût établir la nécessité de leur emploi dans les maladies où les divers organes péchaient par trop d'action, de roideur, de séchéresse, et de sensibilité.

Mais d'une autre part, contraint par la nature même du plan qu'il s'était tracé, de reconnaître des maladies absolument différentes du vice de *resserrement*, et d'en indiquer les vrais remèdes, il se vit obligé de signaler dans les eaux de Bagnères, des propriétés entièrement opposées à celles de Barèges, et il conclut, tant de leurs qualités intérieures et extérieures, que des effets qu'elles produisaient sur le corps vivant, qu'elles étaient *purgatives*, *diurétiques*, et sur-tout *toniques*, ou propres à augmenter le ressort de toutes les parties, et notamment celui de l'estomac et de ses dépendances ; qu'enfin, elles étaient comme spécifiques dans les affections entretenues par la mollesse, l'engourdissement, le relâchement, et le trop d'inaction des différens organes, etc., etc.

Ce fut sans doute à cette heureuse circonstance que les eaux de Bagnères eurent l'obligation d'être placées au rang qu'elles devaient naturellement occuper, et qui leur fut assigné de nouveau dans le premier volume des recherches sur les maladies chroniques, qui fut publié en 1775. Qui se serait attendu qu'un édifice fondé sur des expériences tant de fois répétées, serait plus ou moins ouvertement ébranlé par ceux même qui l'avaient si solidement construit ? Théophile, qui exerçait à Paris la médecine avec un succès distingué, faisait circuler sourdement, dans des écrits privés et inédits, des contes et des opinions entièrement défavorables aux eaux de Bagnères. C'est principalement dans une de ses lettres à une dame du Béarn (la dame Sorbério) qu'il a consigné des faussetés, des assertions, des calomnies qui le déshonorent et qui ternissent ses talens , non parce qu'il improuve le sentiment de Borgeron et de son père qui , pénétrés de la salubrité des eaux du *Salut* à Bagnères , avaient par comparaison donné le même nom à la fontaine de *Laressec* des eaux chaudes , mais parce que l'auteur , dans presque tout ce qu'il expose avec le ton du ridicule , trahit la vérité , détruit son propre ouvrage et celui du temps , et qu'il y ment à sa conscience d'une manière tout-à-fait indigne d'un homme d'honneur et de caractère.

De son côté , François de Bordeu répétait au sein des montagnes et comme par écho , les diatribes et les inconséquences de son frère aîné , dont il était le digne émule ; il distribuait lui-même , et il faisait distribuer par des colporteurs et des affidés la deuxième édition de 1769 du précis d'observations sur les eaux de Barèges , etc., dont nous avons déjà parlé plus haut.

Veut - on se faire une idée de l'étrange aveuglement où les passions mises en jeu par la cupidité peuvent quelquefois porter la fragilité de l'homme ? que l'on jette un instant les yeux avec nous sur l'avis qui précède les extraits susdits , et dont le docteur François était réellement l'éditeur anonyme. L'auteur avance qu'il n'y a qu'une seule espèce d'eau à Bagnères, qu'un seul réservoir, qui se vide par différens endroits, ou qui forme plusieurs sources ; il le déclare d'un ton aussi absolu que si, après avoir pénétré dans les entrailles de la terre, et parcouru tout à son aise le vaste laboratoire de la nature, il lui avait été donné de la surprendre dans son œuvre et d'en dévoiler les secrets. Il conclut du principe qu'il pose si *gratuitement*, que les diverses sources de Bagnères ne diffèrent entre elles que par leur degré de chaleur, et non par la diversité de leur composition. Cette proposition est absolument erronée, fausse et des plus dangereuses dans les conséquences que l'on pourrait en tirer pour la pratique de l'art.

En effet, les faits suivans sont une réfutation bien solennelle de l'assertion maligne que nous nous voyons obligés de combattre.

Les eaux du *Salut* ont incontestablement des qualités sulfureuses qui se manifestent principalement pendant les étés secs, et sur-tout dans le courant des automnes qui les suivent. (Nous n'entreprendrons pas l'explication d'un pareil phénomène.) Elles ont à ces époques un goût et une odeur fortement hépatiques, et leurs qualités douces et onctueuses au toucher sont infiniment plus sensibles. Mais, c'est sur-tout l'an dernier (1817), que ces qualités des eaux du *Salut*, reconnues par les personnes les moins exercées, ont été tellement remarquables, qu'en approchant de la buvette, et sur-tout des différentes baignoires au tour desquelles les vapeurs étaient plus concentrées, on croyait humer l'odeur des sources sulfureuses de la vallée du Bastan. Nous nous sommes assurés par nous-mêmes, à différentes reprises, de la vérité des faits que nous rapportons (1), et notamment les 14 septembre et 7 octobre. A ces époques une pièce d'argent mise dans l'eau de la buvette et dans celle des baignoires, est devenue tout-à-fait noire dans l'espace de dix minutes : l'établissement était tous les jours rempli de curieux qui se plaisaient à répéter les mêmes expériences. Les canaux qui livrent passage aux différentes branches de la source, étaient enduits d'une matière blanchâtre, floconneuse ; l'eau des bains était remplie d'une semblable matière rougeâtre dans certains endroits, et mucilagineuse au tact. (2)

----

(1) Des femmes m'avaient plusieurs fois rapporté que leurs bagues noircissaient dans le bain.

(2) J'ai profité du beau mois de novembre pour prendre

Il existe à l'établissement dit de *Pinac* une petite source sulfureuse qui présente constamment les mêmes propriétés sensibles que nous venons de signaler dans les eaux du *Salut*. Ces deux sources n'ont donc pas la même origine que celles de la *Reine*, de *Salies*, du *Petit-bain*, etc., etc., qui, dans les mêmes temps de l'année, n'ont jamais présenté des phénomènes semblables à ceux dont nous venons de parler.

La source de Théas qui fournit au bain n.º 2 et les eaux du *Foulon* ont quelque chose de balsamique au toucher, et ne crispent pas plus la peau que l'eau tiède ordinaire : ces dernières se distinguent par leurs vertus expansives et dépuratives : ces eaux ne sont donc pas de la

---

seize bains à Salut, dans le but principal de comparer les effets produits sur la peau par l'eau de cette fontaine avec /celui que produisent les sources salines proprement dites, et j'ai constaté que l'eau des bains perdait quelque chose de ses qualités sulfureuses à mesure qu'elle s'éloigne de la source mère qui les alimente. Je crois que c'est moins à l'éloignement qu'il faut en attribuer la cause, qu'au peu de précaution que l'on prend de renfermer les eaux dans des canaux soigneusement couverts. L'eau de la plupart des baignoires est tout simplement fournie par de petits ruisseaux en plein air, d'où le gaz hydrogène sulfuré s'évapore avec la plus grande facilité. Il est aisé de remédier à cet inconvénient.

même nature que celle des nombreuses fontaines qui les avoisinent (1).

Les eaux de *Théas*, de *Salies*, du *Petit-bain*,
etc., situées dans la ville même, toutes plus
chaudes que les eaux de la *Reine*, n'ont cer-
tainement pas un réservoir qui leur soit commun avec cette dernière source, quoique situées à-peu-près dans la même direction. S'il
en était ainsi, les eaux qui jaillissent dans la
plaine seraient sans doute moins chaudes que
celles de la *Reine*, qui surgissent à quelque
distance de ces dernières, sur la hauteur au
penchant du *Mont-Olivet* (2).

Quelques concluantes que paraissent être ces

---

(1) Je donnerai l'explication de cette particularité, lorsqu'on m'aura dit pourquoi l'eau de *Bruzaud*, à Cauterets,
située tout près et immédiatement au-dessous des autres
sources de l'est, dont elle semble n'être qu'une émanation,
ne paraît avoir aucune des qualités sulfureuses des sources
ses voisines, de César, de Pose et des Espagnols, où l'argent noircit rapidement, tandis que c'est en vain que j'ai
tenté la même épreuve à Bruzaud pendant les étés de
1805 et 1806.

(2) Nous ne parlons pas encore d'une source ferrugineuse
de 20 degrés de chaleur que l'on voit au Petit-Bain, ni
des sources ferrugineuses froides qui sont en vogue depuis
deux ans : ces eaux n'étaient pas connues du temps des
MM. de Bordeu.

(13)

considérations, fondées sur les différences des qualités extérieures et sensibles, et sur quelques propriétés chimiques, que peuvent-elles en comparaison des résultats de l'observation et de l'expérience ? Il est généralement reconnu que les eaux minérales, principalement la classe des eaux salines, peuvent posséder des propriétés dont la cause ne peut être exactement connue des chimistes ni des médecins. C'est donc dans la diversité des effets que l'on doit sur-tout étudier la diversité de leur composition. Quels désordres ! quels graves inconvéniens n'entraînerait pas l'oubli de cette grande vérité dans tous les établissemens thermaux ! A quels revers ne s'exposeraient pas les médecins de Bagnères si, dans le traitement des maladies nerveuses ou abdominales, par le moyen des eaux minérales, ils n'avaient égard qu'à la différence de leur degré de chaleur ? si, dans la curation des exanthêmes chroniques, ils ne rendaient pas un hommage particulier à quelques sources, et notamment à celles du *Salut* et du *Foulon* qui, sous la direction de praticiens éclairés, acquièrent tous les jours de nouveaux droits à la distinction et à la célébrité ?

Les importantes considérations qui précèdent doivent s'appliquer encore à l'emploi des

sources de Bagnères qui ont des vertus analogues, et qui paraissent contenir les mêmes
principes constitutifs. Presque toutes diffèrent,
non seulement par leur degré de chaleur, mais
encore par leur degré de force et d'activité ;
et dans leur prescription, nous devons avoir un
égard continuel à l'âge, au sexe, au tempé-
ramment, à l'idiosyncrasie, aux différentes pé-
riodes et aux différens degrés des maladies
de la même espèce : circonstances qui ne doivent jamais être perdues de vue, parce qu'elles
exigent de notre part des variations et des
modifications plus ou moins fréquentes dans
les moyens que nous employons pour combattre ces maladies.

Mais de ce que les principes gazeux qui
distinguent les eaux de Barèges ne sont pas
étrangers à la composition de quelques sources à Bagnères ; de ce que les réactifs chimiques signalent plus ou moins la présence
du fer dans presque toutes les sources, ainsi
que dans la matière jaunâtre des dépôts que
ces sources laissent dans les canaux qu'elles
parcourent ; s'ensuit-il qu'il faille donner indistinctement aux eaux thermales de Bagnères,
la qualification de sulfureuses ou de ferrugineuses ? Non sans doute, puisque la dénomination
d'une classe d'eau minérale doit être prise du

principe minéralisateur qui prédomine dans sa constitution. Confondre la nature de la plupart des eaux de Bagnères avec celles de Cauterets, de Barèges, etc., assimiler les effets produits par nos eaux salines, avec les effets que produisent les sources éminemment sulfureuses, serait sans contredit justifier le ridicule dont on a eu soin de couvrir ces absurdes prétentions ; ce serait encore présenter le flanc aux détracteurs, qui, semblables à notre éditeur anonyme, n'écrivent que pour endoctriner le vulgaire, d'autant plus facile à tromper et à séduire, que, ne jugeant de la nature des choses que par les qualités les plus sensibles et les dehors les plus grossiers, il croira facilement que l'on ne doit pas regarder comme minérale l'eau qui n'a pas un goût et une saveur dégoûtante et nauséeuse, et qui n'infecte pas à une longue distance l'organe de l'odorat.

Qui ne voit maintenant que cette mauvaise querelle, relative aux similitudes que l'on suppose établies par quelques idiots (Quel est le pays qui n'a pas les siens ?), n'est qu'un prétexte, un artifice adroitement employé pour pouvoir substituer les armes du ridicule aux armes du bon sens et de la raison, pour donner l'échange à la multitude, et lui faire perdre de vue le principal, le plus important objet de la question ? Laissons les eaux de Bagnères ce qu'elles sont réellement ; elles n'ont aucun besoin de se parer de quelques vertus étrangères qui forment l'apanage des sources éminemment sulfureuses : avec les propriétés qui leur sont propres, qui ne peuvent être contestées, et qui ont été solennellement reconnues par les auteurs des ouvrages précités, on peut établir qu'elles sont plus généralement utiles que celles que l'on a pris à tâche de préconiser jusqu'à présent d'une manière exclusive.

Il est de fait que l'on combat maintenant à Bagnères les affections cutanées avec autant d'avantage que par-tout ailleurs, et que l'on y traite avec des succès étonnans les ulcères et les plaies d'armes à feu (1). Il est encore certain que l'on prévient et que l'on guérit plus de maladies en sollicitant l'action des reins qui sont en quelque sorte l'émonctoire général de l'économie, en purgeant, en désobstruant et en ranimant le mouvement tonique de tous les organes, qu'en opérant des *détentes* et en produisant des *relâchemens*. Il n'est pas

---

(1) On verra plus loin les observations qui établissent toutes ces vérités.

de praticien de notre art qui ne soit bien persuadé que les maladies qui proviennent de l'atonie des solides et de leur flaccidité, sont aujourd'hui plus communes et plus nombreuses que celles qui sont occasionnées par l'excès du ton et du resserrement. Le célèbre professeur dont la savante école de Montpellier pleure encore la perte, Dumas, médecin de l'hospice pour le traitement des maladies chroniques, et l'instruction des élèves, à eu de nombreuses occasions de se convaincre de l'importante vérité dont nous parlons : « Le » trouble dans l'exercice des sens, l'engour- » dissement des facultés intellectuelles, l'a- » battement, l'insensibilité, la stupeur, les » inquiétudes vagues, les terreurs subites, les » vertiges, les lassitudes spontanées, le trem- » blement des organes, les alternatives de » chaleur et de froid, le dégoût, l'innappé- » tence, les digestions pénibles, l'amaigrisse- » ment, la fréquence et la petitesse du pouls, » le désordre des sécrétions et des excrétions, » le relâchement des solides, les vices des » humeurs, la décoloration de la peau, » la chaleur âcre et brûlante, la formation » des tumeurs et des œdèmes des engorge- » mens, les fluxions irrégulières, les sueurs » habituelles, un grand nombre d'affections

» organiques , et enfin la détérioration pro-
» gressive de tous les systèmes de l'économie : »
Tels sont les principaux phénomènes signalés
par Dumas, dans sa doctrine générale des maladies chroniques , comme étant déterminées
par l'affaiblissement des forces et de l'action
vitales (1).

Les médecins observateurs ont reconnu la
principale cause de ces phénomènes morbifiques , dans l'omission des moyens diététiques
dont les anciens faisaient un plus grand usage,
tels que les frictions , les différentes sortes
d'exercices, et sur-tout les bains fortifians : en
effet, ces moyens, en soutenant et en animant
les forces toniques de la peau , produisent un
degré d'excitation qui , par voie de sympathie,
se répète avantageusement sur tout le système.

Les causes et les effets du *laxum* ont été
aussi bien vus et bien appréciés par Tissot:
« Les fibres, dit ce médecin célèbre , dans
» l'état de relâchement , sont incapables de

---

(1) Sur le grand nombre de maladies chroniques qui sont
le résultat de la faiblesse relative des organes qui en présentent le siège, et que l'on ne peut combattre efficacement
que par la méthode fortifiante. *Voyez l'auteur , p.* 392
et 394*, et de son appendice depuis* 32 *jusqu'à la fin.*

» remplir aucune de leurs fonctions : il se
» fait dans toutes les parties des congestions
» d'humeurs stagnantes et crues ; car la ca-
» chexie fut toujours la suite de l'affaiblis-
» sement des solides. Rien n'est plus propre,
» ajoute Tissot, à combattre cet affaiblissement
» que les fortifians de tous genres , et sur-
» tout les bains froids , dont les anciens plus
» sages que nous , parce qu'ils suivaient plus
» fidèlement la voie de la nature , ont fait
» un si grand usage, et tant de cas. Ce der-
» nier moyen convient toutes les fois qu'il y
» a de *l'atonie* ; et aujourd'hui elle se *rencon-*
» *tre par-tout*. Il n'est pas moins utile pour
» combattre les accidens que *l'atonie* traîne
» à sa suite ; tels sont les mauvaises digestions,
» la débilité nerveuse, la mobilité , les flueurs
» blanches et tous les désordres qu'elles pro-
» duisent. *Il n'y a qu'un pas de la faiblesse*
» *à la maladie.* »

Si cette faiblesse se *rencontre* aujourd'hui
par-tout et devient la source d'une foule de
maux dont nous sommes loin d'avoir complété
l'énumération , on voit quelle quantité d'affections et de désordres doivent prévenir ou
combattre les eaux minérales de Bagnères
éminemment toniques, selon qu'elles sont employées comme moyen prophylactique , ou

comme remède essentiellement curatif. Mais, revenons à notre éditeur.

C'est ici sur-tout qu'il nous donne un exemple bien frappant du trouble moral qu'occasionne quelquefois l'esprit de parti. « Il y a, » dit-il (p. 78), au pied de la montagne, et à » quelque distance de la ville, une source célè- » bre nommée Salut ; cette heureuse dénomi- » nation, jointe à la beauté de la source et à la » limpidité de l'eau qu'elle fournit en abondan- » ce, a donné à cette source la plus grande » vogue. Soyez sûr que ce n'est qu'une magni- » fique, très-abondante et très-agréable colonne » d'eau naturelle et froide, à laquelle s'est » joint un filet d'eau minérale ; d'où il résulte » une eau très-peu minérale en effet, et à » peine tiède, etc. (1) » Voilà donc l'eau du *Salut* minérale, au moins en partie, de l'aveu de l'éditeur ; mais, toujours vivement stimulé par l'aiguillon de la cupidité secrète qui l'entraîne violemment et le maîtrise, il oublie bientôt la concession qu'il vient de faire, et sans en prévoir les conséquences, il en fait une autre tout aussi importante ; qui se trouve

____

(1) Notez que l'eau du Salut a près de 27 degrés de chaleur.

(21)

en opposition avec la première , et qui tend
à renverser l'édifice médical qu'il s'efforce de
construire. Après avoir témoigné sa surprise ,
de ce qu'à la suite de tant d'observations qui
vont toutes à l'appui de l'usage de certaines
eaux comme relâchantes , et d'autres comme
toniques , on donne néanmoins pour nouvelle ,
et comme une découverte toute récente , une
méthode qui est pourtant de la plus haute
antiquité , la méthode des relâchans pour les
maladies nerveuses ; l'anonyme s'exprime en
ces termes : « Il eût été plus naturel que les
» amateurs de la méthode des délayans se
» fussent appuyés des grandes cures faites aux
» eaux minérales ; auraient-ils ajouté foi aux
» bruits populaires qui tendent à faire regarder
» les eaux thermales et sulfureuses comme
» un remède incendiaire , comme des eaux
» armées et hérissées de pointes , de particu-
» les ignées , de sels propres à détruire le
» tissu délicat des parties du corps vivant ?
» Ne savent-ils pas mieux que moi qu'il y a
» des eaux *chaudes* comme *Salut à Bagnères*,
» comme les eaux de *Plombières*, et quelques
» autres qui ne sont que de l'eau *chaude* la
» plus pure (1). Or, on connaissait les vertus

(1) Convenons que le docteur François n'était pas bien

» et la grande vogue de Salut et de Plombières
» long-temps avant qu'il fut question de la pré-
» tention de ceux qui se flattent de guérir les
» maladies nerveuses les plus compliquées par
» des remèdes aqueux, muqueux ou nourrissans.
» Ces cures opérées aux eaux, auraient donc
» très-bien cadré avec leur système, etc. »

Voilà donc les eaux du *Salut* à peine *tièdes*

---

heureux dans ses citations. Les eaux du Salut et de Plombières étaient sans doute alors ce qu'elles sont aujourd'hui ;
et serait-ce pour faire de l'eau *claire* pure et simple que
M. Paul à Paris, MM. Tyare et Jurine à Bordeaux,
auraient tenté d'imiter les eaux célèbres de Plombières ?
Quoique les médecins soient aujourd'hui plus persuadés que
jamais qu'il est plus important de décomposer les maladies
que les eaux minérales ; que c'est en bons observateurs, et
non en chimistes, qu'ils doivent faire usage de ces eaux
dont il n'appartient qu'à l'expérience de révéler les vertus
médicinales, j'aurais néanmoins désiré pouvoir offrir au
lecteur l'analyse des eaux du *Salut* aussi soigneusement
faite que celle d'une de nos principales sources salines,
analyse que j'aurai l'occasion de rapporter ailleurs. Les eaux
de *Plombières* qui paraissent avoir tant de rapport avec les
eaux du *Salut*, ont été décomposées avec le plus grand soin
par MM. Bouillon-Lagrange et Vauquelin. Ce dernier
chimiste a obtenu par chaque livre d'eau, 1 grain 2/12
carbonate de soude, 1 grain 2/6 sulfate de soude, 5/8
muriate de soude, 2/3 silice, 2/4 carbonate de chaux, 2/2
gélatine animale.

tout à l'heure, qui deviennent *chaudes* comme par enchantement ; d'un autre part, ces eaux sont minérales, l'auteur en est convenu plus haut, quoiqu'il ait la mal-adresse de le contester un instant après (1).

Il y aurait donc à Bagnères une source minérale possédant les qualités adoucissantes, relâchantes, antispasmodiques : que devient alors cette ligne de démarcation rigoureuse tracée par les MM. de Bordeu, qui nous présentent d'un côté, les eaux de Bagnères comme uniquement propres à resserrer tous les organes, et notamment l'estomac et ses appartenances ; et d'un autre part, les eaux de Barèges et quelques autres comme exclusivement propres à diminuer les spasmes, les *grippes*, les étranglemens du canal intestinal et des autres

____

(1) Si Bagnères n'avait été, comme Barèges, qu'une terre inhospitalière et désolée par tous les élémens conjurés, où l'image de la *destruction* et du *cahos*, l'excessive cherté des bains, des vivres et des mauvais logemens, semblent repousser au loin le téméraire qui ose en approcher, certes on n'eût pas pris à tâche de porter d'aussi rudes atteintes à la réputation depuis long-temps établie des eaux d'une ville dont deux ou trois médecins avaient tant d'intérêt à balancer les saisons et à diminuer le nombre des partisans. . . .

parties ? S'il existe à Bagnères, comme on est forcé d'en convenir, une source qui ait la propriété d'adoucir et de calmer la sensibilité lorsqu'elle est excessive, et de détruire l'irritation et l'état spasmodique des premières voies, combien cette source sera-t-elle précieuse à côté des sources toniques, puisque dans la plupart des cas de maladies nerveuses elle nous offre un des principaux ingrédiens d'un traitement méthodique le plus rationnel et le plus complet ! On sait en effet que la méthode générale du traitement des maladies nerveuses consiste dans l'usage alternatif des excitans et des tempérans ; de manière qu'on insiste sur les tempérans lorsque les symptômes actuels indiquent un état dominant d'irritation et de spasme, et sur les excitans quand les symptômes tiennent à un état de langueur et d'atonie : mais on sait aussi que le spasme et l'atonie se succèdent très-souvent avec une telle rapidité, qu'il est très-difficile de déterminer le moment de dominance relative de ces deux élémens des maladies nerveuses, pour assortir les remèdes à leurs différens états. On peut enfin établir comme un principe général, que dans les maux de nerfs les deux principes morbides dont nous parlons existent en même temps, ou sont combinés pour ainsi dire chez les mêmes individus : aussi, la combinaison diversement modifiée des tempérans et des excitans est-elle éminemment indiquée dans les cas mixtes dont il s'agit, qui sont les plus fréquens que la pratique journalière nous présente.

Or, il est démontré par l'observation de Théophile de Bordeu lui-même, et par nos propres observations, que les eaux du *Salut* réunissent les qualités tempérantes et doucement apéritives, à la qualité légèrement tonique. Nous voyons en effet tous les jours céder à l'emploi de ces eaux des crampes ou des spasmes d'estomac et des premiers intestins ; si souvent occasionnés par les veilles prolongées, les travaux du cabinet, le chagrin, l'ennui, les boissons et les alimens âcres et échauffans ; elles triomphent encore des dérangemens d'appétit, des flatuosités, des gonflemens, des battemens gastriques, des jaunisses, des chaleurs d'entrailles, effets si communs des mouvemens irréguliers des nerfs du système gastrique et de la succession ou de la coexistence de l'irritation et de l'atonie des organes abdominaux, etc. etc.

Les eaux du *Salut* sont donc un remède extrêmement utile dans les cas de maladies nerveuses, où les lésions de *l'excitabilité* sont

avantageusement combattues par les antispasmodiques unis aux adoucissans et aux toniques (1).

Puisque la fontaine du *Salut* suffit dans la
curation de la plupart des désordres nerveux
dont le siège réside principalement dans les
entrailles, pourquoi des propriétés aussi essentielles, pourquoi celles des autres sources mi-

___

(1) Ne serait-ce pas principalement par leur vertu tonique combinée, que les eaux du *Salut* font disparaître
ces chaleurs d'entrailles qui ne cèdent ordinairement à rien
moins qu'à l'usage exclusif de la méthode débilitante,
comme le remarque Tissot. « Je ne puis m'empêcher, dit
» cet habile observateur, de m'élever contre l'habitude
» détestable que l'on a de conclure toujours de la sensation
» de la chaleur à la nécessité d'employer les médicamens
» que les auteurs de matière médicale nomment propre-
» ment rafraîchissans ; car cette sensation de chaleur est
» très-souvent due au défaut de bons sucs, à l'acrimonie
» et à la crudité qui sont le produit de la faiblesse ; et
» souvent la fièvre n'est causée que par l'atonie du système
» vasculaire. Combien ne voit-on pas de santés ruinées
» parce qu'en pareils cas on a eu recours aux saignées,
» aux rafraîchissans, aux lavemens, aux bains tièdes,
» moyens qui ne font qu'augmenter la faiblesse, la cru-
» dité, la chaleur et l'acrimonie, et qui donnent enfin
» naissance à la véritable fièvre hectique, qu'on aurait
» prévenue si l'on avait employé les toniques. » *Epid. bil.*
de Lausanne.

nérales de Bagnères sont-elles pour ainsi dire
méconnues de nos jours, tandis que les eaux
minérales voisines, celles de Barèges par exemple, conservent encore leur vogue et leur réputation ? Tâchons dans ce moment d'en assi-
gner la première cause ; nous aurons l'occasion
de signaler les autres dans le cours de cette
dissertation.

Les Bordeu conservaient à Barèges un registre raisonné de toutes les maladies qu'ils y
traitaient. Ce registre contenait l'histoire des
maladies guéries par l'effet des eaux, celle des
tempéramens, de l'âge et du sexe des malades, les effets des eaux, les changemens
qu'elles opéraient sur le pouls, les urines, les
digestions, le sommeil, les forces ; le nom des
sources employées, la quantité d'eau bue, le
nombre des douches et des bains, avec les
effets journaliers de ces remèdes pris seuls, ou
précédés de la saignée, des purgatifs, des fondans, des bouillons, etc., ou soutenus par
quelqu'un de ces moyens ou autres secours
pharmaceutiques. Copie de ce journal était en-
voyée tous les ans au bureau de la guerre et au
premier médecin du Roi, surintendant général
des eaux minérales du royaume. On voit sensiblement l'importance de cette immense col-

lection de faits , les avantages qui devaient en
résulter pour l'histoire des eaux , pour celle
des maladies , et pour les malades qui étaient
instamment priés de faire savoir à Barèges les
effets bons ou mauvais des eaux , l'expérience
ayant appris qu'elles n'opèrent souvent d'une
manière sensible , que plusieurs mois après
qu'on les a prises.

Tandis que les Bordeu , tirant de cette
manière de procéder un immense avantage ,
réunissaient leurs efforts pour célébrer leurs
sources , même au détriment de celles de
leurs voisins , que faisaient , et qu'ont fait
depuis cette époque , dans l'intérêt de l'art
et de l'humanité , les divers intendans ou
inspecteurs des eaux minérales de Bagnères ?
Ces messieurs , tantôt natifs de la ville , et
tantôt étrangers , bien plus soucieux de se
procurer des chalands à la faveur de leurs
titres , que de faire des observations et de
les propager par la voie de l'impression ,
semblent n'avoir jamais pris à tâche que de
consommer tranquillement les revenus atta-
chés à leur charge , à l'ombre de l'antique
renommée de nos sources. *Fruges consumere
nati....* Ou , si quelque tableau fait par manière d'acquit , leur a été quelquefois arraché

par la sollicitation des préfets ou des minis-
tres , ces productions obscures dorment en
paix dans un oubli profond , et sont vouées
à la vermoulure dans les recoins poudreux
des bureaux de la préfecture ou du minis-
tère.... Tant d'apathie, tant de nullité , tant
d'égoïsme, étaient-ils bien capables d'exciter
la reconnaissance publique ? et mes lecteurs ,
après cela , seront-ils étonnés d'apprendre que
les Bagnerais , regardant de pareils intendans
de leurs eaux minérales comme de purs fléaux
dévastateurs des ressources communales ou
privées , aient fondé à perpétuité, le 12 juin
de l'année 1734, la célébration annuelle d'une
messe pour monseigneur le duc du Maine , qui
les avait délivrés par son crédit et par ses
remontrances à la cour , de la présence de
leurs intendans comme d'une grande calamité
publique ? (1)

Il suit bien évidemment de tout ce qui précède que les eaux minérales de Bagnères ont

---

(1) Le zèle et les soins que M. Ganderax, actuellement
inspecteur des eaux minérales à Bagnères, a mis à faire
connaître la source ferrugineuse froide nouvellement découverte , nous font espérer qu'il fera sous tous les rapports
une exception à la conduite de ses prédécesseurs.

été constamment jugées par *défaut*, et qu'elles n'ont eu pour juges que des ignorans ou des hommes dominés par la passion et l'intérêt, comme il sera facile de s'en convaincre encore davantage avant la terminaison de cet essai.

SECONDE PARTIE.

ARTICLE PREMIER.

Doctrine de Bordeu sur les causes des maladies.

Les discussions dans lesquelles nous venons d'entrer malgré nous, ne nous font que trop reconnaître que les hommes le plus justement célèbres ne sont pas toujours à l'abri de ces menées obscures et de ces misérables intrigues qui sont l'apanage et la nourriture des ames les plus vulgaires. Toutefois, cette considération ne saurait nous faire oublier ni la reconnaissance ni l'espèce de vénération qui sont dues à tant de titres au médecin distingué qui a illustré la médecine française, et auquel le Béarn en particulier s'honore d'avoir donné le jour. Nous nous ferons donc un devoir de rendre aux talens et au génie de Théophile de Bordeu l'hommage solennel que nous lui devons, en rapportant un précis des principaux phénomènes morbides dont il a fait l'exposition dans son immortel écrit sur les maladies chroniques, au traitement desquelles il a fait une si heureuse application des vertus généralement opposées des eaux thermales salines et sulfureuses des Pyrénées (1). Nous conserverons autant qu'il sera possible les propres expressions de l'auteur ; nous rapporterons avec fidélité toutes ses observations relatives aux qualités des eaux minérales de Bagnères, et qu'il a consignées dans l'ouvrage précité , comme devant servir de fondement à son système curatif ; nous en y joindrons quelques autres que nous préférerons à celles qui nous sont personnelles, dont nous rapporterons le moins qu'il dépendra de nous, pour deux motifs principaux : le premier, parce que l'on regarde généralement comme portant un caractère de suspicion les observations propres à un écrivain , presque toujours soupçonné de les faire plier à ses opinions ou à ses principes favoris ; et le second, parce qu'il est inutile de grossir un volume, en cumulant des citations et des

---

(1) Cet extrait, d'ailleurs relatif à notre matière, ne sera pas lu sans intérêt par le grand nombre des praticiens qui n'ont pas à leur disposition l'ouvrage de Bordeu.

faits qui tendent tous à consacrer les mêmes
vérités (1).

Après une exposition lumineuse des causes
et des phénomènes, soit de la santé, soit des
maladies, Bordeu s'occupe spécialement dans
la première partie de son travail des causes
prochaines et immédiates des maladies et des
lésions réciproques entre les organes. Il reconnaît, avec les médecins cliniques de tous les
temps, que l'estomac et les viscères circonvoisins sont les organes les plus féconds en
maladies, et qu'en effet il y en a bien peu où
l'estomac ne joue au moins le second rôle, et
dans lesquelles il ne devienne bientôt principal
acteur, à cause de sa correspondance avec
toutes les parties. Il examine ensuite comment
les affections de l'estomac en peuvent causer
dans les autres organes, et comment ces der-

---

(1) Nous nous réservons néanmoins de consigner dans
ce travail quelques observations qui nous sont propres relativement aux eaux du *Foulon*, dont les qualités ne sont
pas suffisamment appréciées. Nos observations qui regardent
la *Fontaine-nouvelle* et la *Fontaine ferrugineuse d'Angoulême*, ne peuvent être passées sous silence, rien n'ayant
encore été publié sur les effets que produisent ces deux
sources.

nières deviennent idiopathiques, de sympathiques qu'elles étaient primitivement.

L'auteur trouve la cause la plus générale de ces phénomènes dans les nerfs du ventricule et des intestins ; il observe que ces nerfs appelés gastriques se distribuant à toutes les parties du corps, peuvent par conséquent porter les plus grands désordres dans celles qui sont les plus éloignées ; que l'origine vraie de presque toutes les maladies est l'action lésée des nerfs gastriques, origine qu'on peut reconnaître par l'inspection des maladies et en méditant sur les observations des praticiens ; que les nerfs du système gastrique et intestinal étant agacés et irrités par une cause quelconque (par un œdème, une matière muqueuse et épaisse, etc. etc.), il ne peut se faire que le désordre que ces parties éprouvent, n'entraîne le désordre de tous les organes de l'abdomen, et de toutes les autres parties avec lesquelles ces organes ont des rapports sympathiques.

« Il est, ajoute notre observateur, une autre
» cause de maladies fort fréquente, et qui
» tient de fort près à la cause précédente,
» à l'irritation. Hippocrate a connu et désigné
» cette cause, en parlant de l'espèce de suf-
» focation qu'éprouvent certains malades à l'oc-

» easion de *l'irruption* que font les viscères
» de l'abdomen contre le diaphragme : quel-
» quefois c'est l'estomac qui se gonfle et se
» dresse le premier, comme pour s'opposer
» aux secousses que lui cause le diaphragme ;
» souvent c'est l'intestin colon que sa struc-
» ture, sa situation et sa sensibilité rendent
» très-mobile, et la source de bien des ma-
» ladies, comme la pratique le fait voir. Quand
» le colon est affecté, dit Arétée, tantôt la
» douleur se fait sentir vers les côtes supé-
» rieures, imitant quelquefois le point de côté,
» tantôt elle se fixe dans les fausses côtes,
» à droite ou à gauche, et donne à croire que
» le foie ou la rate sont affectés ; souvent aussi
» ce sont les intestins grêles qui se soulèvent
» les premiers ; ils s'agitent comme le pourrait
» faire un animal qui aurait été blessé. Ici,
» c'est le foie tuméfié, selon Hippocrate, ou
» plutôt la rate qui est plus flexible et plus
» mobile, qui presse le diaphragme ; tantôt
» c'est la matrice, source de bien des maux,
» qui exerce sa fureur et sa tyrannie. Tous les
» viscères dont on vient de parler, se dressent
» ensemble ou séparément ; l'état de spasme
» où ils sont alors et qu'augmentent ou entre-
» tiennent les ventosités contenues dans les
» intestins, et les contractions irrégulières

» qu'elles leur causent, les rend fort sensibles
» aux réactions du diaphragme, qui, de son
» côté, se trouvant pressé et gêné dans ses
» mouvemens, devient un obstacle à la res-
» piration, cause le gonflement des vaisseaux
» de l'abdomen, et fait aborder le sang en
» plus grande quantité au cerveau. (1)

Bordeu signale, comme la troisième des principales causes des maladies, le vice des organes de l'abdomen qui se communique à toutes
les parties du corps et à sa circonférence,
par le moyen de leurs correspondances réciproques. Cette correspondance d'action qu'ont
les viscères de l'abdomen avec les autres parties, lui fait concevoir la raison des bons effets
du dévoiement dans les maladies des yeux,
et de l'utilité du vomissement dans la migraine.
Le même phénomène nous fait aussi compren-
dre pourquoi ceux qui ont la fièvre avec
le point de côté, sont guéris par des selles
abondantes de bile ou de sérosité. Cette cause

---

(1) Quelles vérités à méditer ! quel triste et fidèle tableau des causes principales de ces états vaporeux, hypocondriaques et hystériques si difficiles à traiter, et qui font
le malheur et le désespoir des personnes des deux sexes qui
fréquentent nos établissemens thermaux !

fait que l'art comme la nature remédient au crachement de sang accompagné du point de côté, en excitant le vomissement ou la diarrhée qui ramènent le calme dans les entrailles ; que les douleurs aux épaules qui s'étendent jusqu'aux mains et y produisent de la stupeur, sont emportées par un vomissement de bile noire, et que les vers logés dans les intestins produisent des spasmes dans les parties les plus éloignées de ces organes : enfin, c'est par la même cause, la raison de la correspondance des entrailles avec toutes les autres parties, que même les personnes qui jouissent de la meilleure santé, ressentent ordinairement, quand le ventre manque de s'acquitter de sa fonction, des douleurs dans les membres, une pesanteur de tête, une gêne dans la respiration et un mal-aise dans tout le corps.

De tous ces exemples, et de beaucoup d'autres qu'on pourrait leur associer, Bordeu conclut qu'on doit chercher la source de presque toutes les maladies dans l'étendue du domaine de l'estomac.

Ce sont sur-tout les observations qu'il avait faites aux établissemens thermaux, qui lui avaient appris combien il est important que, dans le traitement de chaque maladie, le médecin s'applique à la simplifier et à changer les chroniques en aiguës, les invétérées en récentes, et les particulières en générales, lorsque les forces du malade, le caractère et le degré de la maladie permettent cette conversion. Il s'était convaincu, par le trouble et les orages salutaires, si souvent suscités par l'action des eaux minérales, que l'art guérit les maladies en préparant et en excitant la crise, soit qu'il procure l'augmentation de la fièvre ou d'autres symptômes qui en tiennent lieu, comme quand on fait vomir, qu'on purge fortement, ou qu'on provoque la sueur (augmentation qu'on pourrait nommer appareil critique artificiel), soit qu'il détermine quelque excrétion lente et plus ou moins soutenue ; qu'enfin, le grand art du médecin est d'accélérer ou retarder les crises à propos, et par conséquent de bien connaître les cas où il doit employer l'un ou l'autre des deux moyens dont nous venons de parler.

Notre auteur voulant éclaircir et confirmer sa théorie par l'expérience, a fait le rapprochement d'une grande quantité de faits, d'où il induit principalement :

1.° Qu'il y a la plus grande ressemblance entre les maladies aiguës et les maladies chroniques, puisque la différence de leur forme et de leur marche ne change rien à leur essence, suivant laquelle elles ont toutes un effort excrétoire terminable par une évacuation.

2.º Que les maladies dont les accidens se forment au ventre, comme les stomacales simples, celles des intestins, etc., se guérissent en se changeant en maladies aiguës, ou au moins en éprouvant une augmentation d'irritation dans les symptômes ; que les pâles couleurs, ainsi que les autres maladies ventrales, telles que les vapeurs et l'hypocondriacie, prouvent qu'il faut pour qu'une affection chronique soit plutôt guérie, qu'elle se change en affection aiguë ; que la fièvre aide à détruire le spasme, et que de particulière qu'elle était elle devient souvent générale ; que les maladies abdominales dont il s'agit, se terminent ordinairement par les hémorroïdes, un flux menstruel et la sueur, ou bien encore par l'évacuation d'une matière muqueuse contenue dans le tube intestinal.

3.º Que l'on ne peut douter en aucune manière de l'influence des lésions des viscères de l'abdomen sur la tête et la poitrine.

4.º Que les maladies sympathiques et symptômatiques des extrémités du corps ou de sa circonférence, formant une classe particulière, ou même un genre d'affection connue sous le nom de rhumatisme, ou de fièvre des jointures ou des extrémités, ont souvent leur siège principal dans les entrailles ; que cette fièvre rhumatismale a ses temps d'excrétion et son appareil critique, qui se termine tantôt par une sueur abondante, tantôt par un flux menstruel, ou par d'autres évacuations, selon la nature et l'usage de l'organe affecté ; que ces mouvemens excrétoires ou cette troisième fièvre que les eaux minérales procurent, ne doit jamais être troublée, puisqu'elle est l'instrument de la guérison.

5.º Que les vices de *serrement* et de *laxité* qui se rencontrent ordinairement ensemble, soit qu'ils occupent des parties antagonistes, ou qu'ils s'emparent des fibres du même organe, produisent non seulement les affections sympathiques ci-dessus, mais que lorsque ces vices restent long-temps fixés dans les parties où ils ont pris naissance, et qu'ils en pervertissent le ton, la constitution ou la force naturelle, ils donnent naissance à des maladies idiopathiques. C'est ainsi que le serrement dans quelque viscère produit la laxité des veines

dans les varices , laquelle provient principalement de la destruction du ton de leur tissu
cellulaire propre ; que le serrement de la veine
porte et du foie, soumis à l'action des nerfs
gastriques, fait naître les hémorroïdes (d'où
l'on voit que la pléthore de la veine porte
n'est pas toujours la cause du flux hémorroïdal ,
et que par conséquent ce flux n'est pas toujours critique), et qu'un état de serrement
spasmodique qui a son siège dans la matrice
et ses dépendances , et quelquefois même dans
les entrailles , occasionne bien souvent des hémorragies nasales et pulmonaires (1); enfin, c'est
encore à la même cause, c'est-à-dire, à l'effort
spasmodique de quelque viscère ordinairement
épigastrique , qui s'oppose au retour des humeurs au travers des lames du tissu cellulaire ,
que sont dus certains amas de sérosités (qu'il
est important de distinguer de ceux qui tiennent au relâchement du tissu cellulaire de la
partie affectée), et les leucophlegmaties actives, qui attaquent sur-tout les jeunes filles
et qui sont accompagnées d'un mouvement fébrile assez fort.

6.º Qu'il existe un rapport des plus marqués

---

(1) V. dans Bordeu , les observations 40 , 41 et 42.

entre certaines paralysies , les mouvemens convulsifs et le rhumatisme qui vient de l'estomac (des poisons ou des vers logés dans ce viscère causent également une foule de convulsions et de paralysies) ; qu'il y a par conséquent deux espèces de paralysies , l'une convulsible et guérissable, qui naît du ventricule et des intestins, et l'autre plus dangereuse, qui naît de l'encéphale et de ses moëlles ; que les eaux minérales guérissent très - rarement les paralysies par cause au cerveau bien décidées ou parfaites ; que ces sortes d'affections sont presque toujours aggravées par les eaux de Bagnères , et sur-tout par celles de Barèges ; que les paralysies symptômatiques ou stomacales étant les seules qui cèdent ordinairement à l'action des eaux thermales , il est prudent de s'abstenir de ce remède dans presque toute paralysie cérébrale confirmée ; que les eaux de Barèges engorgent considérablement le cerveau , produisent les plus mauvais effets dans l'épilepsie qui n'est pas sympathique, et dépend par exemple des premières voies ; qu'enfin, des apoplexies sont très-souvent déterminées par l'usage inconsidéré des sources sulfureuses, qui produisent également les plus dangereux effets dans les affections idiopathiques du cœur et de ses vaisseaux.

7.° Que les différentes eaux sulfureuses sont très - souvent pernicieuses dans les maladies idiopathiques ulcéreuses des poumons, et que celles de Bagnères sont toujours meurtrières dans ces sortes d'affections.

8.° Que l'on doit regarder comme douteuses ou comme des maladies dans lesquelles la vertu des eaux minérales n'est pas certaine, les affections articulaires goutteuses, les maladies graveleuses, dartreuses, scrofuleuses et scorbutiques, attendu, 1.° que ces eaux, sur-tout celles de Barèges et de Cauterets, prises en boisson ou en bain, rendent ordinairement les attaques des douleurs articulaires plus vives, qu'elles décident quelquefois un accès de goutte, et que les guérisons ou soulagement qu'elles paraissent avoir opéré dans quelques circonstances, ne sont pas suffisamment constatés : 2.° que les eaux de Bagnères font rendre par les voies urinaires de grandes quantités de graviers sans produire quelquefois de soulagement soutenu, et que celles de Barèges et de Cauterets qui opèrent une excrétion de calculs moindre, et souvent nulle, sont loin d'opérer une cure radicale chez les calculeux, qu'elles soulagent néanmoins plus long - temps que celles de Bagnères ;

3.º que les sources dont nous parlons produisent quelquefois des effets merveilleux dans les
maladies dartreuses ; mais qu'elles produisent
aussi des cures imparfaites, manquées, et même
dangereuses, les dartres étant bien souvent
l'effet d'un vice grave et réfractaire résidant
dans quelque organe intérieur, et leur rentrée
causant, tantôt des attaques d'asthme, et quelquefois des convulsions et des faiblesses d'estomac :
(1) 4.º que les eaux sulfureuses ne combattent
avec un avantage suffisant le vice écrouelleux
qu'étant combinées avec le quinquina, le mercure et les antiscorbutiques : 5.º Attendu enfin,
que les eaux minérales des Pyrénées, qui peuvent être utiles dans le premier temps du
scorbut, en arrêtant ses progrès ou sa marche,
sont devenues mortelles chez trois individus
parvenus au deuxième ou troisième degré de
cette terrible affection.

La doctrine générale de Bordeu dont nous
venons de donner un exposé sommaire, a
pour base un nombre considérable d'observations et d'histoires de maladies, où l'auteur

____

(1) Observ. de Bordeu, 153.ᵉ et 154.ᵉ Nous verrons
ailleurs que ces accidens ne proviennent guère que de la
méthode routinière de traiter ces affections cutanées.

peint avec la même exactitude ses succès et ses rêvers. Dans notre but, nous devons seulement choisir parmi ces observations celles qui sont relatives aux eaux de Bagnères. Nous aurions dû peut-être les classer, ainsi que l'a fait notre auteur, en exposant successivement celles qui ont pour objet les maladies abdominales simples, les maladies sympathiques, symptômatiques, idiopathiques, etc. ; mais, en nous rapprochant autant que possible de cette distribution, nous avons considéré, que nos confrères n'avaient pas besoin d'un signalement méthodique particulier de ces observations (1) ; et d'un autre côté, que la plupart de nos lecteurs n'étant pas médecins, verraient avec plaisir dans un seul et même tableau, l'ensemble de toutes les maladies qui cédèrent et qui peuvent céder encore à l'emploi de chaque source minérale particulière. Nous allons donc exposer en masse ce qui est relatif à chacune de ces sources.

____

(1) Si nous nous permettons de caractériser un certain nombre de maladies, d'après nous-mêmes ou d'après Bordeu, c'est pour faire sentir aux commençans l'utilité de ce genre d'exercice, et nous conformer au plan de Bordeu qui a voulu prouver ainsi, que tout ce qu'il a dit au sujet des causes principales des maladies, est absolument fondé sur l'observation.

Article Deuxième.

OBSERVATIONS

Relatives aux maladies guéries par les eaux minérales thermales de Bagnères (1). Confirmation de la théorie de Bordeu, par la guérison de ces maladies. Source sulfureuse de Labassère, son importance, son analyse.

Eaux de Lannes.

Observation première. Un homme gros et charnu, grand mangeur, était sujet à des dérangemens d'entrailles, à une sorte de diarrhée périodique, avec difficulté de respirer, et changement dans les urines ; il but les eaux de Bagnères de la fontaine de Lannes, qui lui firent rendre, dès les premiers jours, une quantité prodigieuse de matières par les selles, et le mirent vers le vingtième jour en état de reprendre son ancien train de vie. Bordeu,

----

(1) Nous rapporterons leur analyse dans la troisième partie de ce traité.

page 134. (*Maladie de l'abdomen qui démontre l'influence du tube intestinal sur l'appareil respiratoire.*)

Observ. 2.ᵉ Le lieutenant *Poinsenet* fut dirigé de Barèges sur Bagnères, pendant l'été de 1810, au sujet d'une jaunisse générale dont il était atteint depuis plusieurs mois : il se plaignait d'amertume dans la bouche, d'anorexie, de constipation, et il éprouvait dans son estomac le sentiment d'un poids incommode après ses repas. Les eaux de la fontaine de Lannes prises en boisson pendant 22 jours, ayant augmenté le cours des urines, et fait pousser au malade deux ou trois selles liquides par jour, tous les symptômes disparurent entièrement, et ses facultés digestives furent parfaitement rétablies. Ce militaire paya son tribut de reconnaissance et d'amour à la nymphe bienfaisante qui l'avait si favorablement traité, dans la personne d'une des filles du propriétaire de l'établissement, à laquelle il s'unit en mariage bientôt après sa guérison. (*Exemple d'une affection du foie simple et de ses relations avec les principaux organes de la digestion.*)

Observ. 3.ᵉ Une jeune fille de la vallée d'Aure, attaquée depuis deux ans d'une cachexie, en fut parfaitement guérie par le seul usage des eaux et des bains de Lannes. Descaunets, p. 56.

Observ. 4.ᵉ Un marchand âgé de 26 ans, d'un tempérament flegmatique, atteint de la même maladie, rétablit sa santé par l'emploi des mêmes eaux et bains.

Observ. 5.ᵉ Un gentilhomme, d'un tempérament flegmatique, et d'un âge avancé, pris d'une pituite qui ne lui laissait presque pas de repos, fut délivré de sa maladie par la boisson des eaux de la fontaine de Lannes, en avouant qu'il ne se serait jamais attendu à une si prompte guérison. Descaunets, p. 21 et 22. (*Voilà trois exemples de l'affection que Bordeu désigne sous le nom de flux aqueux et pituiteux ou muqueux, entretenus par la faiblesse des organes.*)

Observ. 6.ᵉ M.ʳ *Cartier*, prêtre desservant à Fronsac (Haute-Garonne), se rendit à Bagnères le 12 juin mil huit cent douze, affligé d'une paralysie presque complète, ayant son siège dans la moitié latérale droite du corps; le malade éprouvait dans sa langue un embarras qui lui rendait la prononciation de certaines lettres très-difficile; il fit usage des eaux de Lannes en boisson, et du bain n.º 4;

le 10 juillet suivant, tous les maux de Mr Cartier avaient disparu, si l'on excepte un léger engourdissement qu'il ressentait encore à la main. (*Le malade avait bu les eaux qui avaient entretenu la liberté du ventre et rétabli les fonctions de l'estomac ; cette hémiplégie, dont la cure s'est opérée sous nos yeux, n'était-elle pas abdominale ?*)

Eaux du Pré.

OBSERV. 7.e Un gentilhomme, d'un tempérament bilieux et fort chaud, qui mangeait beaucoup, éprouvait fréquemment des attaques de colique, que des évacuations abondantes du ventre terminaient. Depuis trois ans qu'il fait usage des eaux de Bagnères, des sources Salut et du Pré, en boisson et en bain, il se porte bien, hormis qu'il est fort maigre. Bord. p. 134.

OBSERV. 8.e L'usage des eaux de la fontaine du Pré en boisson, rétablit un appétit perdu depuis deux ans, et acheva de guérir une débilité d'estomac et deux lientéries. Bord. p. 135.

OBSERV. 9.e Une femme de qualité, âgée de 43 ans, était toujours, après ses couches, travaillée d'envies de vomir, d'aigreurs, et d'un picotement dans l'estomac, pareil à celui qu'aurait causé des épines ; elle fut radicalement guérie par les eaux de Bagnères de la source du Pré. Bord. p. 148. (*Bordeu cite ces trois dernières observations comme des exemples de maladies stomacales et intestinales simples, entretenues par la faiblesse.*)

Observ. 10.e Un tonnelier avait perdu l'appétit après des excès dans les repas, au point que pendant deux ans, il se trouva dégoûté de toutes sortes d'alimens ; les eaux du Pré firent disparaître ce dégoût. Descaunets, p. 14.

Observ. 11.e Une béarnaise âgée de 15 ans, d'un tempérament humide et très-délicat, rétablit son appétit dépravé, par la boisson des eaux du Pré pendant cinq jours seulement. Les mêmes eaux rétablirent, en huit jours, l'estomac d'une religieuse âgée de 28 ans, sujette à des nausées très-fâcheuses. *Ibidem,* page 15.

Observ. 12.e Un homme d'un tempérament bilieux, qui était attaqué, depuis deux ans, d'un hoquet si violent, qu'il ne pouvait fort souvent parler, ni respirer, fut guéri par un long usage des eaux de Bagnères de la fontaine du Pré, en boisson. Bord. p. 157.

(*Exemple du combat qui s'élève quelquefois entre les viscères abdominaux et le diaphragme; il prouve que les maladies du bas-ventre sont la source d'autres affections.*)

OBSERV. 13.ᵉ Une femmelette d'un tempérament flegmatique, fut guérie d'une chaleur de poitrine insupportable, par les eaux de Bagnères de la fontaine du Pré, qui lui procurèrent d'abondantes excrétions du ventre. (*Affection de poitrine sympathique, dont le siège est au-dessous du diaphragme.*) Bord. p. 161.

OBSERV. 14.ᵉ Un jeune homme d'un tempérament bilieux, qui avait une horrible puanteur de bouche, fut guéri, ainsi qu'un autre qui avait une amertume de bouche habituelle, par la boisson des eaux de Bagnères de la source du Pré. Bord. p. 169.

OBSERV. 15.ᵉ Une jeune fille dont les gencives étaient fort gonflées, et qui salivait beaucoup, fut guérie par la boisson des eaux de Bagnères de la fontaine du Pré. Ces eaux remédient aux douleurs des dents et en préviennent les retours, en ranimant les fonctions de l'estomac, que l'on sait être bien souvent la cause de ces douleurs périodiques. Bord. p. 169 et 170.

OBSERV. 16.ᵉ La boisson des eaux de la

fontaine du Pré, guérit une jeune béarnaise d'un tempérament bilieux, d'une extinction de voix presque totale. Desc. p. 17. (*Affection sympathique abdominale.*)

Observ. 17.e Une femme chargée de graisse et cachectique, âgée de 40 ans, ayant cessé d'être réglée, son vagin se relâcha, et pendait à l'orifice extérieur de la vulve, en manière de boule, sans aucune douleur. Elle fut guérie par les eaux de Bagnères de la fontaine du Pré en boisson, et par les demi-bains et les douches de la source St.-Roch, dans l'espace d'environ 20 jours. Bord. p. 195.

Observ. 18.e Les eaux de Bagnères de la fontaine du Pré, guérirent un crachement abondant, causé par une affection catarrhale ou flux de gorge pituiteux. Bord. p. 205.

Observ. 19.e Un cordonnier âgé de 32 ans, sujet à des affections bilieuses, pour lesquelles il nous dit avoir été plusieurs fois évacué, vint à Bagnères dans le mois de septembre 1814, pour y tenter la guérison d'un rhumatisme qui avait son siège dans le membre abdominal gauche, dont le genou présentait un engorgement considérable, sensible à la pression; cet état, qui durait depuis un mois, et qui empêchait le malade de se mouvoir autrement qu'avec le secours d'une béquille, s'accompagnait au moment de notre examen d'amertume de bouche le matin , d'une légère teinte jaunâtre dans les yeux , d'un appétit presque nul , et d'une élévation légèrement, douloureuse dans la région hypocondriaque droite. Ces phénomènes morbifiques nous firent penser que la maladie rhumatismale tenait à une disposition vicieuse des organes épigastriques ; la boisson des eaux du Pré (On avait ordonné les bains de cette source au malade avant son départ.), à la dose de six verres , dans le premier desquels il fit fondre deux jours de suite demi-once de sulfate de magnésie (sel d'Epsom), fit rendre au malade pendant quatre jours une quantité considérable de matières bilioso-muqueuses. Ces déjections firent disparaître la jaunisse , la tumeur hypocondriaque , et diminuèrent de moitié la tuméfaction rhumatismale du genou : les mêmes eaux continuées en boisson et en bain pendant 16 jours, finirent de dissiper tous les symptômes. (*Preuve évidente des rapports sympathiques qui existent entre le système articulaire et le système gastrique.*)

EAUX DE LASSERRE.

OBSERV. 20.e Un homme mélancolique, robuste , était sujet à un flux hémorroïdal dont

la suppression lui causa l'ictère noir ; il en
fut délivré par la boisson des eaux de Bagnères de la fontaine Lasserre , qui débarrassè-
rent les intestins d'une grande quantité de matières noires, non sans lui faire éprouver de l'a-
battement dans les forces , de la douleur et de
la fièvre. Bord. p. 136. (*Maladie ventrale qui
prouve que la fièvre fait cesser le spasme., et
qu'une affection chronique se guérit souvent en
se convertissant en aiguë. V. Bord. p. 138.*)

OBSERV. 21.ᵉ Les eaux de Bagnères de la
source Lasserre en boisson et en bain, rétablirent, dans un jeune homme fort sanguin,
les hémorroïdes qui avaient disparu depuis
deux ans. Bord. p. 140.

OBSERV. 22.ᵉ Une fille âgée de 26 ans, qui
n'avait aucune incommodité, se plaisait à cou-
rir inconsidérément ; dès le point du jour ,
au travers des prés , à la rosée, pour se ra-
fraîchir ; elle perdit ses règles , et fut attaquée dès-lors de faiblesse , de perte d'appétit , de maux d'estomac et d'un mal-aise général : les remèdes d'usage ordinaire ayant été
employés inutilement , la malade eut recours
aux eaux de Lasserre , qu'elle prit en boisson,
et aux bains tempérés d'une source du même
établissement, qui ramenèrent les règles le vingtième jour, avec la santé. Bord. p. 143. (*Exem-*

ple de l'empire de la matrice sur les autres organes : il prouve que les maladies dépendantes
de la menstruation sont plus ou moins du ressort de l'estomac, à cause de l'étroite liaison qui
règne entre ces deux organes. Bord.)

OBSERV. 23.ᵉ Une fille âgée de 28 ans, fut
guérie d'une palpitation de cœur habituelle,
par les eaux de Bagnères de la fontaine Lasserre, en boisson et en bain. Bord. p. 160.
*(Effet de la sympathie qui règne entre l'es-
tomac et le cœur.)*

OBSERV. 24.ᵉ Une femme sujette à des flueurs
blanches depuis deux ans, fut guérie par les
eaux de Bagnères de la fontaine Lasserre.
Bord. p. 207.

OBSERV. 25.ᵉ Une fille de la vallée de Ba-
rethous, affligée depuis deux ans de pâles
couleurs, en fut délivrée par les eaux et les
bains doux de Lasserre. Desc. p. 7.

OBSERV. 26.ᵉ Le chirurgien *Labaule*, âgé
de 29 ans, atteint d'une jaunisse générale,
fut parfaitement guéri, contre son attente,
par l'emploi des eaux de Lasserre. *Ibidem.*

OBSERV. 27.ᵉ Un homme de 40 ans, d'une
constitution sèche et bilieuse, et atteint d'une
douleur des reins, se délivrait tous les ans,
par les voies urinaires, de plusieurs calculs,

à la faveur de l'usage des eaux de Bagnères de la fontaine Lasserre. Bord. p. 274.

Observ. 28.ᵉ Un gentilhomme de Marmande, souvent affecté de douleurs néphrétiques, fit usage au commencement de mai 1714, des eaux et bains doux de Lasserre, qui lui firent rendre une grande quantité de sables, avec de petites pierres. Il pratiqua trois années de suite le même remède par mesure de précaution. Desc. p. 6.

Observ. 29.ᵉ Les eaux de la fontaine de Lasserre guérirent un jésuite âgé de 55 ans, d'un tempérament sanguin, en lui faisant rendre une quantité prodigieuse de pierres : les mêmes eaux et bains produisirent le même effet en 1743 sur deux personnes, dont l'une rendit une pierre de la grosseur d'une noisette, et l'autre en jetta une dont la grosseur surpassait celle d'un pois des plus grands. *Ibidem, p.* 7.

Observ. 30.ᵉ Un paysan des environs de Bagnères, tourmenté par des convulsions épileptiques, fut guéri par l'emploi des eaux de la fontaine de Lasserre en bain et en boisson. *Ibidem, p.* 10.

Observ. 31.ᵉ M.ᵐᵉ D.***, des environs de Rabastens (Hautes-Pyrénées), fut atteinte, vers la fin du printemps de l'année 1816,

d'une toux sèche , importune , oppressive ,
presque continuelle , s'avivant , sur-tout les
nuits, au point d'écarter presque entièrement
le sommeil. Cette toux , accompagnée d'une
abondante expuition de matière salivaire affaiblissant la malade , s'aggrava tellement après
deux mois de sa durée , que la difficulté de
respirer , qui allait toujours en augmentant,
fit craindre à la malade une suffocation prochaine. Les mucilagineux, les calmans , avaient
été vainement employés : les sangsues appliquées à raison de la turgescence des veines
hémorroïdales , n'avaient produit qu'un faible
soulagement de courte durée. Dans cet état de
choses la malade réclama nos secours. Un examen attentif nous fit juger que la toux et
l'oppression provenaient du désordre spasmodique de la région épigastrique , quelle que
fut d'ailleurs la cause de l'irritation. L'ipéca-
cuanha administré sur-le-champ fit rendre
quelques gorgées d'une matière muqueuse ,
et tous les symptômes disparurent comme
par enchantement. Les mêmes accidens ayant
reparu quelque temps après, la malade, ins-
truite par l'expérience, se fit vomir elle-même
à des époques différentes , toujours avec le
même succès. La toux, l'oppression, une vive
douleur entre les épaules , et le défaut de

sommeil se renouvelèrent dans le courant de l'automne : M.me D.*** se rendit à Bagnères par nos conseils. Les eaux de Lasserre en boisson lui procurèrent une abondante excrétion de matières muqueuses et comme salivaires : la cessation de la toux, du flux de bouche, le retour de l'appétit et du sommeil, et la liberté de la respiration en furent les heureux résultats. La même affection s'étant reproduite, plus faiblement à la vérité, vers la fin de l'été de l'année dernière (1817), sous l'influence de quelques affections tristes, a été combattue par les mêmes moyens avec un égal avantage. La boisson des eaux de Lasserre pendant 18 jours, dans le courant de septembre, a suffi pour rétablir entièrement la santé de M.me D. (1) Voilà, si je ne me trompe, un exemple bien frappant de cette grande vérité que proclame l'ingénieux Bordeu. « Les malades imputent

---

(1) Ici se rapporte cette observation de Bordeu. « Comme » je traitais un jour un flux de bouche presque séreux, avec » les topiques ordinaires, vint un vieux routier qui, ayant » fait prendre un purgatif pour abattre, disait-il, les fumées » de l'estomac, et prescrit les eaux chaudes en boisson or- » dinaire, vint à bout dans quatre jours de nettoyer la bou- » che parfaitement. » P. 170.

» souvent à leur poitrine des maux qui dé-
» pendent de l'estomac, ou d'autres viscères
» de l'abdomen, grippés contre le diaphragme.
» Ne pourra-t-on jamais bien connaître, s'écrie
» à ce sujet ce grand observateur, les maladies
» que produit le diaphragme par son refou-
» lement vers le thorax, et trouver le moyen
» de le ramener à sa courbure naturelle ?
» Les bons effets qui résultent si souvent de
» l'usage de l'émétique, ne proviendraient-ils
» pas de l'aplatissement qu'il cause à cet
» organe ? »

EAUX DU SALUT. (1)

OBSERV. 32.ᵉ Un homme âgé d'environ 38 ans,
maigre et sec, sain d'ailleurs, qui vivait hon-
nêtement, fut peu à peu attaqué d'une jaunisse,
à laquelle les affections de l'ame, la débauche, le
libertinage n'avaient point de part : pour toute
incommodité, il n'éprouvait qu'un certain dégoût, dont les progrès se faisaient lentement.
Les eaux de Bagnères de la fontaine Salut,
qu'il but le matin, et même assez souvent le
reste de la journée, lui rendirent l'appétit au

____

(1) J'ai cru devoir conserver cette dénomination primitive, à laquelle on a substitué depuis eaux *de Salut.*

bout d'environ trente jours, en procurant une évacuation de bile par les urines et par les selles, et rétablissant l'ordre dans les mouvemens du foie. Bord. p. 136. (*Cette observation démontre la sympathie de l'estomac avec le foie. Bord. p.* 138.)

Observ. 33.e Un homme bilieux, qui était travaillé de coliques violentes et de maux de tête et de reins insupportables, fut guéri par les eaux de Bagnères des fontaines du Salut et du Pré, dont il fit usage en boisson et en bain ; mais il fut sujet depuis à des hémorroïdes qui fluaient de temps en temps. *Ibidem, p.* 139.

Observ. 34.e Un homme quadragénaire, chagrin de n'avoir pas réussi dans ses études, dans lesquelles il avait employé beaucoup de travail, devint mélancolique ; la vie et le commerce des hommes lui étaient à charge, et il ne trouvait de tranquillité d'esprit que dans une continuelle et profonde solitude. Il fut guéri par les eaux de Bagnères de la fontaine Salut. Bord. p. 148. (*Lésion nerveuse des organes épigastriques.*)

Observ. 35.e Un homme âgé de 34 ans, d'un tempérament fort chaud et fort sec, fut guéri d'une vive chaleur d'entrailles et d'une rougeur aux yeux par les eaux de Bagnères de la fontaine du Salut. Bord. p. 176. (*Cette observation et la 33.ᵉ sont une preuve de l'influence des lésions des viscères de l'abdomen sur la tête.*)

OBSERV. 36.ᵉ Un gentilhomme âgé de 42 ans, d'un tempérament bilieux, souffrait d'une grande chaleur au foie ; l'usage des eaux du Salut, qui excitèrent en lui des sueurs abondantes, fut suivi des effets les plus salutaires. Descaunéts, p. 19.

OBSERV. 37.ᵉ Un soldat aux gardes françaises, âgé de 24 ans, rempli d'obstructions au foie, à la rate et au mésentère, trouva réellement son salut dans les eaux de ce nom. *Ibid.*

OBSERV. 38.ᵉ Les eaux du Salut en boisson dissipèrent, en peu de jours, une excessive chaleur d'entrailles dans un avocat qui s'était attiré cette maladie par des travaux de cabinet trop assidus. Desc. p. 20.

OBSERV. 39.ᵉ Un théologien âgé de 42 ans, d'un tempérament atrabilaire, tombé dans une mélancolie des plus noires, qui lui rendait les compagnies à charge, fut promptement guéri de sa maladie par les eaux du Salut. *Ibid.*

OBSERV. 40.ᵉ Les eaux de la même fontaine dissipèrent dans un bénédictin, d'un tempérament chaud et sec, une constipation opiniâtre, dont d'autres moyens n'avaient pu le guérir. *Ibid. p.* 21.

OBSERV. 41.ᵉ Une fille était sujette à un saignement de nez , qui revenait régulièrement chaque mois , précisément avant et après l'apparition de ses règles : elle fut guérie par les eaux de la fontaine du Salut, en boisson et en bain. *(Voilà une affection que Bordeu désigne sous le nom de flux variqueux , produit par l'effort spasmodique ou le serrement de la matrice. p. 196.)*

Observ. 42.ᵉ Un homme d'une constitution mollasse , âgé de 47 ans , dont les jambes et les cuisses étaient enflées , fut guéri par les eaux de Bagnères de la fontaine du Salut. Bord. p. 199.

Observ. 43.ᵉ Il y a long-temps que les eaux de Bagnères de la fontaine du Salut, ont été employées avec succès dans la strangurie et la dysurie. Bord. p. 208.

Observ. 44.ᵉ J'ai vu des jeunes gens attaqués de gonflemens glanduleux au mésentère, être fort soulagés par les eaux de Bagnères de la fontaine du Salut. Bord. p. 233.

Observ. 45.ᵉ Les eaux de Bagnères des sources Salut et Lasserre , entraînèrent une fort grande quantité de sables de la vessie, dans une jeune fille hystérique et affligée de violentes douleurs néphrétiques. Bord. p. 274.

Observ. 46.ᵉ M.ʳ *Gachet*, chirurgien-major du Cap-Français (St.-Domingue), affligé d'un ulcère au col de la vessie, fut délivré de cette fâcheuse maladie en 1716, par les eaux minérales de la fontaine du Salut. Descaunets, p. 66.

Observ. 47.e Entre plusieurs observations relatives aux eaux du Salut, qui nous appartiennent, et qui prouvent l'excellence de leurs qualités dans les maladies nerveuses entretenues par la faiblesse et l'irritation, nous nous bornerons à rapporter l'observation dont la teneur suit :

Au commencement de septembre de l'année 1800 (an VIII), époque à laquelle nous exercions à Rabastens (Hautes-Pyrénées), on vint réclamer nos secours pour un homme âgé de 26 ans, marié depuis plusieurs mois, et que l'on disait toucher au terme d'une maladie chronique qui datait du commencement de son mariage. Après avoir fait des demandes essentielles aux assistans, et écarté le rideau du lit de douleur, où le malade était étendu depuis trois mois, nous ne fûmes pas peu surpris de reconnaître, à travers les traits d'une face comme hippocratique, un homme jeune qui, dix mois auparavant, était venu nous consulter au sujet de quelques maux nerveux dont l'ensemble présentait un état hypocondriaque des plus caractérisés. Nous

nous rappelâmes , qu'entre autres conseils ;
nous lui avions sur-tout donné celui d'éviter les plaisirs vénériens dont il avait jusqu'alors abusé. La jouissance des droits du
mariage d'une part , et d'un autre côté des
effusions réitérées de sang , au moyen des
sangsues dont l'application lui avait été plusieurs fois ordonnée par un médecin d'un
département voisin , trop fameux par son
humeur sanguinaire , et par l'espèce de guerre
qu'il semble déclarer aux vaisseaux du
siège des malheureux qui vont le consulter ;
ces deux causes étaient les principales qui
avaient réduit le *patient* à un état de faiblesse
et de dépérissement vraiment effrayans. La
gentiane et autres échauffans de cette nature,
avaient tellement irrité l'estomac , et augmenté la mobilité nerveuse de cette victime ,
qu'elle ne pouvait plus garder les alimens
qui étaient rendus par le vomissement bientôt après avoir été pris , ainsi que toutes les
potions qui lui étaient ordonnées à titre de
calmans. On apercevait à l'œil , dans la région
épigastrique , de violentes pulsations spasmodiques qui avaient été prises pour un anévrisme ,
que l'on avait proposé de combattre par de petites saignées et un régime débilitant. Nous
prescrivîmes , avec un bien faible espoir de

succès, quelques calmans sur la région de l'estomac, et le lait d'ânesse pour toute nourriture. A l'aide de ce régime médicamenteux, le malade se rétablit après trois semaines, au point qu'il put se rendre à Bagnères, où il fit usage des eaux du Salut en bain et en boisson, pendant 17 jours seulement : l'emploi de ce remède pendant un temps qui paraîtra bien court, si l'on a égard à la longueur et à l'intensité de la maladie, suffit néanmoins pour faire disparaître graduellement la plupart des phénomènes morbides. L'année suivante, l'usage des mêmes eaux pendant trois semaines, rendit la cure aussi complète qu'elle pouvait l'être dans un individu dont la faiblesse nerveuse constitutionnelle avait été fortement aggravée par des écarts de régime, et par l'emploi long-temps soutenu de plusieurs manœuvres homicides.

EAUX DE LA REINE.

OBSERV. 48.ᵉ Une jeune fille qui avait, depuis un mois entier, tout-à-fait perdu l'usage de la voix et de la parole, à la suite d'une fièvre putride, était languissante et fort triste. Elle faisait assez bien ses autres fonctions, mais elle n'était occupée jour et nuit que du recouvrement de sa voix, ainsi qu'elle le faisait entendre par des signes bouffons. On ne voyait dans la cavité de sa bouche, ni dans sa gorge, rien qui dénotât la maladie. Vers le 7.ᵉ ou 8.ᵉ jour de l'usage des eaux de Bagnères de la fontaine la Reine, en boisson, et de celles de Salies, en gargarisme, la malade prononçait distinctement quelques mots par hasard, parmi le grand nombre qu'elle essayait de dire à voix basse. Enfin ayant parfaitement recouvré la parole, en continuant le même traitement, elle se dédommagea abondamment du silence qu'elle avait été obligée de garder. Bord. p. 167. (*Aphonie symptômatique produite vraisemblablement par l'état atonique des premières voies.*)

OBSERV. 49.ᵉ Une femme, quoique bien réglée, devint sujette à une migraine dont les retours étaient constamment précédés d'une constipation du ventre absolue : les eaux de Bagnères de la fontaine la Reine, bues le matin, et celles de la fontaine du Salut, pendant le jour, ouvrirent le ventre, et firent disparaître la migraine. Bord. p. 171. (*Maladie sympathique dépendant d'un vice des viscères de l'abdomen.*)

OBSERV. 50.ᵉ Les eaux de Bagnères de la

fontaine la Reine, guérirent un diabétès. Bord. p. 206. (*Affection tenant à la faiblesse absolue de tout le système, et particulièrement à l'infirmité relative des organes sécrétoires de l'urine.*)

Observ. 51.e Un prêtre âgé de 55 ans, devint sujet à des vomissemens qui survenaient tous les trois ou quatre jours après ses repas : au bout de trois mois, ces vomissemens devinrent plus fréquens, au point de se répéter tous les jours, une heure après avoir pris des alimens. Il y avait neuf mois que cet ecclésiastique était affligé de cette incommodité, lorsque après avoir inutilement épuisé toutes les ressources de l'hygiène et de la pharmacie, il se rendit à Bagnères, moins dans l'espoir d'y trouver sa guérison dans l'usage des eaux minérales, que pour essayer si l'exercice et le changement d'air ne lui seraient pas plus favorables que tout ce qu'il avait entrepris jusqu'alors. Il était faible, pâle, et d'une maigreur extrême. Il recueillit un jour toutes ses forces pour se promener du côté de la Reine, appuyé sur le bras de son domestique. A la vue de cette fontaine, il lui prend fantaisie d'en boire deux verres d'eau. Le malade croit remarquer que ce même jour son vomissement habituel a retardé d'environ demi-heure ; et il attribue ce phénomène à l'heureux effet de la boisson du matin. Le lendemain il renouvelle son expérience en doublant la dose du remède ; le vomissement arrive encore plus tard ce jour : le troisième et le quatrième, il n'éprouve plus que des efforts, sans renversement d'estomac : enfin le cinquième jour se passe sans ressentir aucune espèce de trouble dans sa digestion. Le malade n'avait pu jusqu'alors ni se livrer au sommeil ni demeurer la nuit dans son lit, où il éprouvait une agitation extrême ; mais depuis cette époque, il ressent tous les bienfaits d'un sommeil calme et réparateur : ses forces et son embonpoint se rétablissent d'une manière rapide ; et après un mois de l'usage des eaux de la même source, il se retire parfaitement guéri. (*Voilà une maladie stomacale simple, constituée par un seul élément, la faiblesse.*)

REMARQUE.

Les observations suivantes ont principalement pour objet les maladies sympathiques et symptômatiques des extrémités du corps, ou de sa circonférence, suivant le langage de de Bordeu. Il eût été plus méthodique de faire précéder les observations qui regardent

la fontaine ferrugineuse froide ; et de les
placer à côté de celles des autres fontaines
dont les vertus médicinales sont depuis long-
temps consacrées par des effets salutaires tant
de fois répétés ; mais, outre que cette fontaine découverte depuis peu de temps , est
la dernière qui a été mise en usage , il importe de prouver, d'un autre côté , que les
antiques sources n'ont pas besoin pour être
illustrées du relief et de l'éclat que peuvent leur donner les cures brillantes opérées
par les eaux ferrugineuses proprement dites,
qui sont si fréquentées depuis deux ans.

Eaux d'Artiguelongue,

aujourd'hui Pinac.

Observ. 52.e Un paysan âgé de 42 ans, d'un
tempérament bilieux, et sujet à une colique
bilieuse, fut guéri assez promptement en faisant chaque matin deux prises à la source
sulfureuse d'Artiguelongue , et la troisième
au Petit-bain. Desc. p. 25.

Observ. 53.e Une femme affectée d'un asthme
catarrheux, fut guérie par l'usage qu'elle fit
pendant dix jours des eaux de la même fontaine. *Ibid. p.* 84.

Observ. 54.e Neuf jours de l'usage de la

source sulfureuse d'Artiguelongue dissipèrent
un asthme humide en 1737, dans un notaire
qui était extraordinairement travaillé de cette
affection. *Ibid.*

Observ. 55.ᵉ Jacques Lhez, d'Asté, fut guéri
d'un asthme avec douleur oppressive de la
poitrine par la boisson de l'eau de la fontaine sulfureuse de Pinac. Deux hommes atteints de la même affection ont été considérablement soulagés par la boisson des eaux
de la même source.

Observ. 56.ᵉ Jeanne Daléas, de Bagnères,
âgée de 22 ans, affligée d'une dartre au
visage, fut délivrée de cette fâcheuse maladie par la boisson des eaux sulfureuses de
Pinac, et en se lavant le visage plusieurs
fois le jour avec les mêmes eaux.

Observ. 57.ᵉ Le sieur Perés, de Vic-Fézensac,
atteint d'un rhumatisme au poignet et au genou
du même côté, avec enflure, se retira parfaitement guéri après sept bains.

Observ. 58.ᵉ Un boucher d'Auch était attaqué d'un rhumatisme au bras droit, qui l'empêchait de serrer sa main et de la porter à
la tête ; dès le second bain au n.º 6, il pût
ôter librement son chapeau : la continuation
du remède le guérit entièrement.

Observ. 59.ᵉ Le S.ʳ Paulliac, d'Auch, était

atteint d'un rhumatisme général qui l'empêchait de s'habiller sans secours ; seize bains
au n.º 2 le guérirent entièrement.

Observ. 60.º François Bertin était attaqué
d'un rhumatisme au bras et à la cuisse du côté
droit, sa main gauche était engourdie sans
presque aucun sentiment , et ses doigts en-
flés ; les bains et les douches de Pinac firent
disparaître toutes ces infirmités.

Observ. 61.º Jeanne Bordes était affligée
depuis deux ans d'une douleur rhumatismale
à la cuisse et à la jambe gauche, ne pouvant
marcher qu'à l'aide d'un bâton ; après neuf
bains, elle fut complètement délivrée de sa
maladie.

Observ. 62.º Un porte-faix de Bordeaux pouvait à peine se remuer en traînant ses jambes
paralysées et sans sentiment : 16 bains du n.º
2 de Pinac, suffirent pour le mettre en état
de marcher aisément sans bâton.

Pour le surplus, voyez les observations sur
les eaux minérales de Pinac, imprimées en 1798.

PETIT-BAIN.

Observ. 63.º On rapporte que les eaux de
Bagnères de la source nommée le Petit-bain
furent salutaires dans un flux cœliaque. Bord.
p. 233.

L'histoire des paralytiques et des rhumatisans qui ont été guéris ou soulagés par l'usage de ces eaux, n'a pas été recueillie ; mais elle est attestée par la quantité de potences que les étrangers ont déposées dans le bâtiment qui récèle la source du Petit-bain. « Les riches » font placer des inscriptions, les pauvres » affichent leurs échasses ; et ces déposi- » taires, ces interprètes de la nature dévoi- » lent les minéraux qui entrent dans la com- » position des eaux, et font connaître leur » efficacité. Ce dernier tribut est à préférer, » puisque c'est un monument que le temps » ne saurait détruire. » Castetbert. *Traité des eaux minérales de la Guyenne et du Béarn.*

BAINS DE LAGUTIÈRE.

Des monumens semblables à ceux dont nous venons de parler, proclament également l'effi- cacité des sources de Lagutière ; leurs pro- priétés étaient déjà très-connues en 1762, comme il conste du rapport qu'en a fait Cas- tetbert, et du parallèle qu'il établit entre ces sources et celle de Théas. « Lagutière est » depuis quelques saisons extrêmement fré- » quenté pour les paralysies, les rhumatis- » mes, et enfin pour toutes sortes de dou-

» leurs. On préfère ces fontaines à celles de
» Théas qui ont les mêmes avantages ; mais
» les guérisons opérées à Lagutière sont plus
» récentes, et le nouveau est toujours saisi
» avec avidité. » *Ibid. p.* 153.

BAINS DE MORA.

OBSERV. 64.e Un militaire forgeron qu'un
rhumatisme général privait de l'usage de ses
membres , fut totalement guéri par les sueurs
abondantes que lui procurèrent trois bains
chauds pris à Mora , dans le courant d'août
1813. Il sollicita de moi son certificat de visite,
me protestant que les mouvemens de son corps
étaient aussi libres que s'il n'avait jamais été
malade.

OBSERV. 65.e Je trouve dans mes notes que
les militaires Boyer , Périsset, Massouli, Dé-
fenso, Huide et Brak , tous atteints de rhumatismes occasionnés par des refroidissemens,
ont été guéris par l'usage des bains de Mora.

BAINS DE SANTÉ.

La prodigieuse affluence des personnes qui
fréquentent les bains de Santé dépose authen-
tiquement en faveur des sources qui les com-

posent. On néglige de recueillir les effets salutaires que produisent journellement les bains
de Santé par leurs vertus toniques, sans doute
parce que les cures qu'ils opèrent paraissent
n'avoir rien d'extraordinaire aux yeux du vulgaire, et qu'elles ne sont pas accompagnées
de cette solennité que suit toujours l'impo-
sante guérison du rhumatique qui se redresse,
et quitte ses appuis après avoir recouvré l'u-
sage de ses membres.

BAINS DE LA PEYRIE, DE VERSAILLES, DU PETIT-PRIEUR ET DE BELLEVUE..

Des raisons analogues à celles dont nous
venons de parler au sujet des bains de Santé,
ont fait garder le silence sur les bons effets des
bains frais de la Peyrie, et des bains tempérés
de Versailles, du Petit-Prieur et de Bellevue. Les propriétés stimulantes des sources
chaudes de ces trois derniers établissemens,
sont attestées tous les jours par les guérisons
qu'elles produisent dans le traitement curatif
des rhumatismes et des paralysies.

BAINS DE THÉAS.

OBSERV. 66.ᵉ Un homme d'une complexion

assez robuste, devint enflé de tout le corps, après des accès de fièvre. Il fut guéri par les eaux de Bagnères de la source Théas, qui lui procurèrent des sueurs copieuses, et par les eaux de la fontaine la Reine, qui entraînèrent beaucoup de matières par les selles. Bord. p. 200.

Observ. 67.e Trois paralytiques, dont deux étaient d'un tempérament pituiteux, et l'autre (c'était une femme) d'un tempérament sanguin, furent guéris par les eaux de Bagnères de la fontaine Théas. Bord. p. 245.

Observ. 68.e Un gentilhomme âgé de 46 ans, d'un tempérament pléthorique, fut atteint de paralysie ; les bains qu'il prit à Théas produisirent de si heureux effets, qu'il fut en état de se retirer à cheval. Desc.

Observ. 69.e Un capitaine de cavalerie, d'un tempérament flegmatique, affecté d'une incommodité pareille à la précédente, qui le mettait hors d'état de marcher ni d'écrire, employa le même remède avec un égal succès. *Ibidem.*

Observ. 70.e Un gantier d'Auch, paralysé de la moitié de son corps, après une attaque d'apoplexie, fut guéri par le seul usage des bains de Théas. *Ibidem, p.* 67.

Observ. 71.e Les soldats Michelin, Duquesne,

Moureau, Beloir, Garrouté, Pujoll, Cavallé, Beliot, Petitfils, Courrat, Rietten, Eberlé, Donut, Ludwic, Gezel et Grimbag, attaqués à différens degrés de rhumatismes froids, ont été tous guéris par l'usage des eaux thermales de Théas, en douches et en bain, dans le cours de juillet 1813, époque à laquelle j'étais chargé du service de l'hôpital militaire de Bagnères.

Observ. 72.e Mr Thonon, maître de musique à Tarbes, d'une constitution délicate, ayant voulu se baigner dans l'Adour un jour du mois d'août, son corps étant très-échauffé par l'exercice et par une forte chaleur externe, fut saisi dans le bain même de violens frissons qui le forcèrent à en abréger la durée : le soir, fièvre violente, après quelques momens d'horripilations. Une maladie aiguë des plus dangereuses, pendant laquelle on a peut-être abusé de la purgation, a été le résultat de l'imprudente conduite de Mr Thonon. Vers les commencemens d'une convalescence longue et pleine de langueur, le malade a été pris d'un rhumatisme qui occupait tous les membres, avec gonflement œdémateux et douloureux des articulations moyennes et inférieures des parties affectées, se propageant jusqu'à l'extrémité de la plupart des doigts des deux mains. Seize verres d'eau de Lasserre , sept bains , et sur-tout huit douches, pris à l'établissement de Théas , où le malade s'était logé vers le milieu de novembre (1817), ont suffi pour dissiper les tuméfactions et les douleurs articulaires, à l'exception d'un très-léger engorgement à l'un des genoux, et ont rendu cet artiste à l'exercice de sa profession. Il serait complètement guéri s'il eût pu continuer les mêmes remèdes quelques jours de plus.

BAINS DE CAZAUX.

OBSERV. 73.e Un homme bilieux , de l'âge de 43 ans , fut guéri d'un rhumatisme au bras par les eaux de Bagnères du mont Cazaux. Bord. p. 185.

OBSERV. 74.e Un gentilhomme d'Armagnac , âgé de 40 ans , affligé d'un rhumatisme général , fut guéri par les bains de Cazaux.

OBSERV. 75.e Un religieux dominicain affecté d'un rhumatisme des plus forts, qui le privait de l'usage des pieds et des mains , trouva son salut dans la même fontaine.

OBSERV. 76.e Un gentilhomme du voisinage d'Auch , attaqué d'un rhumatisme général , en fut délivré par vingt-un bains pris à Cazaux. *Desc.* p. 67.

ROC DE LANNES.

OBSERV. 77.e Un homme atteint d'une sciatique, en fut délivré par les bains du Roc de Lannes. *Bord.* p. 185.

OBSERV. 78.e Un lieutenant de dragons fut guéri, en 1719, par huit bains qu'il prit au Roc de Lannes, d'une violente sciatique dont il était affecté. *Desc.* p. 39.

OBSERV. 79.e Une femme ne recouvra la faculté de marcher qu'elle avait perdue par la chute d'une charrette chargée de sable, qui s'était renversée sur elle, qu'après avoir pris quelques bains au Roc de Lannes. *Ibid.*

OBSERV. 80.e Un fermier trouva sa guérison dans le même bain d'une sciatique dont il était sur-tout tourmenté lorsqu'il était au lit. *Ibid.*

EAUX DE SAINT-ROCH.

OBSERV. 81.e Les eaux de St.-Roch ont été mises en usage avec succès pour remédier à la stérilité des femmes, jusqu'à la chute du bâtiment qui en favorisait l'emploi. Descaunets rapporte les observations relatives à une béarnaise. et à une dame de la Chalosse, qui ne devinrent enceintes, après plusieurs années de mariage, qu'après avoir usé des eaux de St.-Roch en bain et en boisson ; mais parmi les observations de ce genre, celle qui a le plus excité la surprise publique est celle qui regarde la comtesse de Prélade qui était sans enfans après huit années de mariage. Descaunets et Castetbert rapportent que cette dame, sur la réputation des eaux de St.-Roch, se rendit à Bagnères en 1716, avec Monsieur son mari, pour y éprouver la source dont nous parlons, et qu'après une abondante boisson et sept à huit bains pris par chacun d'eux, M.me la comtesse aperçut des marques de fécondité qui comblèrent les vœux des deux époux.

Nous pensons que les qualités reconnues des eaux de Bagnères doivent faire disparaître, dans bien des circonstances, certaines dispositions contre nature qui mettent obstacle à la conception, et sur-tout dans les états maladifs dont parle Hippocrate :

Quæ frigidos et densos locos habent, in utero non concipiunt.

Y aurait-il rien d'étonnant que les eaux de St.-Roch possédassent à un degré supérieur les qualités particulières que l'on se plaît à leur attribuer ? Ne sait-on pas que chaque source a dans l'ensemble des principes fixes et volatils qui la constituent, une manière d'être qui diffère des autres, manière que l'analyse chimique ne saurait démontrer, et qui ne peut l'être que par l'observation médicale ? (1) D'une autre part, combien est puissante pour assurer l'efficacité du remède, l'influence d'une heureuse prévention qu'accompagnent le désir, l'espérance et tous les prestiges d'une imagination érotique, dont on ne saurait calculer les merveilleux effets physiques et moraux dans l'acte de la génération !

Observ. 82.ᵉ De tous les temps on a regardé les eaux de St.-Roch comme spécifiques dans certaines duretés d'oreilles et certaines espèces de surdités. Bord. p. 175.

Observ. 83.ᵉ Un jeune homme âgé de 22 ans, d'un tempérament pituiteux, qui éprouvait de la faiblesse dans les jambes, et dont la mémoire s'était rendue ingrate depuis quelque temps, fut guéri du mal des jambes par l'usage

____

(1) On peut dire avec raison des différences particulières des sources minérales de la même classe, ce que Bordeu dit en parlant du sang. « Le sang, comme le vin de chaque cep, a ses différences particulières dans chaque être » vivant, quoiqu'il soit de même nature dans tous. » P. 322.

des bains de St.-Roch, et les douches de la même eau sur la tête, pendant le bain, contribuèrent au rétablissement de sa mémoire. Desc. p. 36.

Observ. 84.e Un vieillard hémiplégique reçut du soulagement à la jambe, et non au bras, de l'usage des eaux de Bagnères de la fontaine St.-Roch. Bord. p. 245. (1)

Bains du Foulon
et Source de Labassère.

« Les eaux du Foulon ont de tous les temps passé pour spécifiques dans les maladies de la peau. Bordeu qui a pris à tâche de modérer les éloges mérités par les eaux de Bagnères,

---

(1) Le lecteur s'est aperçu sans doute que les observations relatives à la cure des paralysies et des rhumatismes, lesquelles nous avons dû rapporter comme elles ont été consignées dans les écrits de leurs auteurs, ont été rédigées *très-légèrement*, avec omission de plusieurs circonstances nécessaires à connaître ; en sorte que l'histoire de ces maladies se bornant à l'énoncé d'un *résultat*, d'un *simple fait* de guérison, il n'a pas été possible de signaler le rôle que les états maladifs des viscères abdominaux, ou d'autres dispositions morbifiques, ont dû jouer dans la production d'un grand nombre de ces rhumatismes et de ces paralysies.

7

doute si peu des propriétés de la source dont
nous parlons, qu'il se borne dans ses écrits
à nous inspirer de la défiance sur les cures
qu'elle opère selon lui trop promptement dans
quelques circonstances.

La précieuse découverte des eaux sulfureuses de Labassère formera sans doute une
époque bien remarquable dans l'histoire des
eaux minérales de nos contrées. Ces eaux,
que l'on boit à Bagnères à peu de frais, prises
la veille même à leur source, nous offrent un
auxiliaire inappréciable pour seconder les vertus médicamenteuses de nos bains du Foulon,
dans le traitement curatif des affections cutanées.

Analyse de la Source de Labassère.

Cette source est située près de Bagnères,
à une lieue du village dont elle porte le nom.

Sa température est à 11 degrés au thermo-
mètre de Réaumur; celle de l'atmosphère étant
à 14, et celle de l'Oussouet à 8; sa pesanteur
spécifique est à celle de l'eau distillée comme
100,042 est à 100,000.

Cette eau est claire, limpide, exhalant une
odeur fortement hépatique; l'endroit où elle

surgit est couvert d'un limon abondant, blanchâtre, doux au toucher, se dissolvant en
partie dans les alcalis, se concrétant par les
acides.

Bouillie par l'addition de quelques gouttes
d'acide muriatique, elle répand une odeur
d'œufs couvés très-prononcée; sa diaphanéité
n'est jamais troublée, mais exposée à l'air,
elle perd un peu de son odeur, et peu à peu
de sa saveur.

C'est une des eaux minérales les plus pures.

Le sirop de violettes la verdit.

L'alcohol gallique n'y produit point d'effet
sensible.

L'acétate de bismuth, de plomb, donnent un
précipité brun-marron.

Les acides acétique et nitrique ont coloré
le liquide.

Le nitrate d'argent produit un précipité noi-
râtre cailleboté.

Le nitrate de mercure un précipité blanchâtre.

L'acide nitrique une légère effervescence.

L'acide sulfureux n'y produit aucun changement.

La présence de *l'ammoniaque* y dégage une
certaine quantité de vapeurs blanches.

*La potasse caustique, l'eau de chaux, l'a-
cide oxalique, le muriate de barite, l'ammo-*

niaque liquide, n'en troublent nullement la transparence.

D'après l'effet des réactifs employés, la couleur verte que prend le sirop de violettes prouve la présence d'un alcali ; le nitrate de bismuth, celui de mercure, et l'acétate de plomb, la présence de l'hydrogène sulfuré et d'un hydro-sulfure ; le nitrate d'argent, la présence de l'acide muriatique. — Soumise à l'appareil pneumato-chimique, elle a fourni environ le cinquième du volume de gaz hydrogène sulfuré.

Vingt kilogrammes de cette eau soumis à l'évaporation, ont fourni un résidu sec du poids de 124 grains. Pendant le cours de l'évaporation il s'est formé de légers flocons blanchâtres qui flottaient dans le liquide. La couleur du résidu était blanche, ayant une odeur et une saveur douces, attirant sensiblement l'humidité de l'air.

Ce résidu, traité dans cinq ou six parties d'alcohol, suivant les procédés usités, a donné pour résultat :

1.º Le sixième du volume de gaz hydrogène sulfuré.
2.º Muriate de soude.................... 86 grains.
3.º Hydro-sulfure de soude.............. 10.
4.º Substance grasse.................... 18.
5.º Silice.............................. 10.

                        Total............. 124 grains.

Le résidu paraissait contenir des quantités inappréciables de sulfate de soude ; rien n'a pu y faire reconnaître la présence de sels à bases calcaires.

L'eau de Labassère dont nous avons cru convenable de rapporter l'analyse en parlant des eaux du Foulon, jouit de propriétés bien éminentes que les médecins savent apprécier depuis long-temps. Cette eau, par sa nature et par sa pureté, mérite une préférence exclusive dans bien des maladies et une foule de circonstances de tempérament. Les principes qui la constituent et sa température la rendent susceptible de transport (. dans des bouteilles bien bouchées) à de grandes distances, sans éprouver d'altération.

Revenons maintenant aux eaux du Foulon.

Observ. 85.e Un soldat âgé de 32 ans, d'un tempérament bilieux, et couvert presque par tout le corps d'une dartre qui lui rongeait la peau, et un mendiant attaqué d'une teigne affreuse, furent guéris par les bains du Foulon de Bagnères, qui passent pour spécifiques dans les maladies de la peau. Bord. p. 277.

Observ. 86.e Un officier âgé de 28 ans, d'un tempérament bilieux, était privé de l'usage de ses mains par des dartres dont elles étaient couvertes, et qui les lui rendaient presque semblables à celles d'un lépreux; il fut radicalement guéri dans trois semaines par l'usage des eaux du Foulon. Desc. p. 24.

EXTRAIT d'un compte rendu des militaires confiés à mes soins dans l'hospice civil et militaire de Bagnères, pendant le trimestre d'avril 1812, et les mois de juillet et août 1813.

Militaires entrés le 8 juin 1812.

OBSERV. 87.ᵉ *J. Lanseler* et *F. Narbonne*, du 25.ᵉ de ligne, ont quitté l'hospice civil le 26, l'un et l'autre parfaitement guéris, le premier d'une éruption dartreuse presque générale, et d'un rhumatisme qui le privait de l'usage de son bras gauche; et le second d'une éruption psoriforme, à laquelle il était sujet depuis très-long-temps : les bains du Foulon, précédés et soutenus par l'action des dépurans amers et des eaux sulfureuses de Labassère, ont fait les principaux frais du traitement.

OBSERV. 88.ᵉ Les mêmes moyens curatifs, secondés par l'effet de quelques bols fondans et purgatifs appropriés, ont délivré *J.-B. Laprelle*, sergent au 114.ᵉ de ligne, d'une gale hideuse

qui couvrait presque toute l'habitude extérieure de son corps. Il est sorti le 30, après
l'emploi de quelques frictions mercurielles, à
titre de traitement confirmatoire.

OBSERV. 89.e *Jean Rousseau*, trompette au
15.e de chasseurs à cheval, avait reçu depuis
six mois, sur la main droite, un coup de
sabre qui avait divisé les tendons des muscles
extenseurs du pouce ; les autres doigts de la
même main étaient crochus, et le membre
entier couvert d'une dartre pustulo-croûteuse,
était comme flétri par le marasme. Les plaies
de son pouce se sont cicatrisées au moyen
de quelques douches prises à la Fontaine-nouvelle. Les stimulans amers sous forme de sucs
et les bains du Foulon ont produit un effet
tel, que, le 30 juin, veille de son départ,
ce militaire, libre de toute éruption dartreuse,
exécutait presqu'entièrement les différens mouvemens dont il avait perdu l'usage à la suite
d'un long repos, nécessité par les souffrances
les plus vives.

OBSERV. 90.e Les amers combinés avec les
sels neutres, des laxatifs convenablement répétés, et l'emploi des bains du Foulon, ont
procuré la curation complète d'un ulcère
fistuleux, suite d'un énorme dépôt spontané-

ment ouvert depuis huit mois, sous l'aisselle gauche de *J. Vincent*, du 16.e de ligne, à la suite d'une gale ancienne contre laquelle on avait employé les remèdes usités. Ce militaire est parti le 3o du mois susdit, jouissant de la meilleure santé.

Observ. 91.e *J. Coureau*, marin, âgé de 28 ans, d'une constitution délicate, couvert presque par tout le corps d'une dartre fur-furacée qui le tourmentait depuis plusieurs années, était également affecté depuis quelques mois d'une sorte d'asthme humide, produit peut-être par une impression particulière du vice dartreux sur les organes pulmonaires : les amers aiguisés avec le tartrate acidule de potasse, des bols composés avec un grain de muriate mercuriel doux et un grain d'oxide d'antimoine hydro-sulfuré orangé (soufre doré d'antimoine), et la boisson des eaux sulfu-reuses de Labassère, ont précédé les bains du Foulon, dont l'action, soutenue par l'exhibition de ces mêmes remèdes, a fait disparaître en entier la plupart des symptômes dans l'espace d'un mois. La promptitude d'un succès aussi éclatant contre une affection grave qui datait de loin, devait inspirer une certaine défiance : ce marin a été soumis à la continuation des mêmes moyens curatifs jusqu'à la fin du mois d'août, époque à laquelle il a été renvoyé à son poste comme guéri.

Observ. 92.ᵉ *Jean Mathieu*, du 130.ᵉ de ligne, avait dès l'âge de seize ans des dartres crustacées aux coudes et aux genoux. Cette affection traitée durant plus de trois mois à son dépôt, n'avait été que mitigée. Pendant quatre mois et demi de service en Espagne, l'éruption s'était propagée de manière à couvrir son corps, si l'on excepte la figure et la paroi antérieure de la poitrine. Quatre mois de séjour dans un hôpital militaire, avaient été vainement employés pour combattre ce hideux exanthème. Rentré en France le 17 juillet 1813, le malade a été dirigé sur l'hôpital militaire de Bagnères, où il est entré le 30 août. Un régime médicamenteux, les dépurans amers sous différentes formes, aiguisés avec l'acétate de potasse, ont précédé l'usage des bains du Foulon, et appuyé ses vertus curatives. Au 15 septembre, l'éruption herpétique avait totalement disparu. Ce soldat, soumis encore quelques jours au même traitement confirmatoire, est enfin parti le 27, sans moyen de transport et comme guéri.

Observ. 93.ᵉ La veuve M. de Tarbes, après la cessation de ses menstrues à l'âge de 49 ans, fut couverte à l'entrée du printemps de l'an 8 (1800), d'une éruption herpétique squammeuse, qui n'avait épargné que le visage et les mains : un prurit intolérable et presque continuel, privait la malade de son appétit et des bienfaits du sommeil. Le petit-lait, les bouillons tempérans légèrement amers, préparèrent, sous notre direction, Mme M. à l'emploi des eaux du Foulon : quinze bains pris à cette source, suffirent pour faire disparaître entièrement et sans retour cette affection qui avait extrêmement amaigri la malade, par l'impression qu'elle avait faite sur son moral et sur son physique.

OBSERV. 94.e M. B. père de famille, âgé de 42 ans, vint nous consulter dans le mois de juin 1816. L'examen attentif de cet individu nous présenta les phénomènes morbifiques suivans : légère suffusion ictérique remarquable sur-tout à la face, engorgement très-sensible du foie, dartres pustulo-crustacées d'un aspect effrayant, occupant la moitié latérale droite du corps, depuis la partie supérieure du cou jusqu'à la face dorsale du pied, et dans la portion latérale gauche, quelques traces de la même affection sous forme écailleuse ; anorexie, débilité des facultés digestives, amaigrissement, mélancolie profonde, et sorte de désespoir, résultat de

la mauvaise disposition des hypocondres, et
peut-être plus encore de l'humeur sans cesse
repoussante d'une épouse adorée, pour laquelle
il était devenu depuis long-temps un objet de
dégoût. Des propos consolans ranimèrent l'espoir du malade, et firent une heureuse diversion aux chagrins les plus cuisans. La boisson
des eaux de Lannes et de la Reine, rendues
de temps en temps plus actives par l'addition
d'un sel neutre, ranima l'action des premières
voies, et fit disparaître dans l'espace de trois
semaines l'embarras du système hépatique, et
la couleur jaunâtre de la peau. Les sucs antiscorbutiques, d'abord seuls, et ensuite animés
avec une cuillerée à bouche d'une dissolution
de muriate sur-oxigéné de mercure (sublimé
corrosif), parurent indiqués contre une maladie grave, réfractaire aux moyens ordinaires,
et à laquelle la jeunesse peu retenue du malade paraissait imprimer un caractère de *suspicion* : ces remèdes, employés avant et pendant l'usage des bains du Foulon, fortifièrent
puissamment leur action médicamenteuse. La
peau du malade était absolument dépouillée
vers la fin du mois d'août. M. B. fondant sur
sa guérison l'espoir d'un heureux ménage,
désirait avec ardeur de revoler dans les bras
d'une femme chérie, et ce n'est pas sans

beaucoup de peine que je parvins à le soumettre pendant tout le mois de septembre à
la continuation de la plupart des moyens curatifs qu'il avait employés avec tant de succès.
M. B. m'écrivit l'année dernière, en m'adres-
sant un malade de ses amis : *La disparition de
mes dartres a été permanente ; je suis le plus
heureux des maris, et je jouis sous tous les
rapports de la plus parfaite santé.*

FONTAINE-NOUVELLE.

Descaunets ne vécut pas assez pour observer
les effets de cette fontaine découverte de son
temps. J'écrirais un petit volume si je voulais
rédiger, sur le récit d'hommes anciens et di-
gnes de foi, les cures merveilleuses opérées
par l'eau de la petite source qui n'a que 28 degrés de chaleur, dans les divers cas de blessures
et d'ulcérations ; mais comme la marche rigoureuse d'une science toute fondée sur l'observation, en exclut le recours à la tradition
vulgaire, je dois me borner à rapporter les
faits qui ont été notés par des hommes de
l'art, ou dont j'ai été moi-même le témoin.
Je dois convenir que c'est à l'école pratique
d'une femme, que j'ai principalement appris

à connaître les propriétés particulières de la Fontaine-nouvelle.

Observ. 95.e M.lle P. de T. dont je tais le nom pour ne pas blesser sa modestie, issue d'une des familles les plus respectables de la ville de Bagnères, et élévée dans les principes d'une religion qu'anime la pratique journalière des œuvres les plus charitables, M.lle de T. consacre depuis plusieurs années une partie de son temps aux soins qu'elle donne aux personnes affligées de plaies et d'ulcères, à l'aide d'un onguent dont la composition lui a été donnée comme un secret qui n'a été révélé qu'au pharmacien qui le prépare. Mais ce qui n'est pas un mystère, c'est l'extrême propreté, le zèle, la méthode et le succès avec lesquels elle panse et traite des ulcérations qui ont fatigué la patience et épuisé le savoir des chirurgiens ordinaires. Parmi les maladies de cette espèce, dont la guérison a été tant de fois opérée sous nos propres yeux, on doit sur-tout compter les désordres cruels et effrayans produits par le flegmon connu sous le nom de *panaris*, qui a son siège dans la gaîne des tendons fléchisseurs des doigts, ou l'espace entre le périoste et l'os des phalanges ; dans ce dernier cas, la carie comme on le sait suit toujours où la

violence du mal, ou la négligence du chirurgien à découvrir à temps le vrai foyer de
l'abcès, pour donner issue au pus, lequel par
son séjour occasionne quelquefois des résultats
qui entraînent la mutilation. Combien de fois,
consulté dans les cas les plus graves, où la
carie avait affecté toutes les phalanges, me
suis-je écrié : c'est un doigt de *trop* ! et combien de doigts condamnés à l'amputation dans
les pays environnans, ont trouvé leur salut à
Bagnères ! La Fontaine-nouvelle a toujours
été de moitié dans les miracles opérés par les
manœuvres adroites et intelligentes de Mlle de
T., de la manière qui suit :

Le malade va prendre, une ou deux fois
par jour, la douche à la Fontaine-nouvelle,
dont l'action suffit ordinairement pour déterger
et raffermir les chairs mollasses et spongieuses
qui pullulent au tour de l'os atteint, et pour
emporter l'os ou partie de cet os attaqué de
carie, ou le disposer à l'être. L'emploi des
amers , et souvent celui des eaux minérales
purgatives, accompagne toujours l'usage des
moyens extérieurs dans les panaris provenant
de cause interne, sur-tout lorsque la carie
des phalanges *primitivement* affectées , paraît
dépendre d'un vice scrofuleux. Mlle de T.
faisait , au commencement, un usage assez

fréquent de la pierre à cautère, et principalement de l'eau de sarment en bain, pour
détruire les chairs baveuses et boursouflées ;
mais elle n'emploie presque plus aujourd'hui
ce grand secours depuis que des expériences
répétées lui ont appris que l'eau de la Fontaine-nouvelle était toute-puissante pour ra-
nimer l'action organique des solides, et procurer le dégorgement des chairs ulcérées.

OBSERV. 96.ᵉ Le colonel *Louis d'Uzer*, de
Bagnères, fut gravement blessé dans une affaire d'honneur par une balle, à la partie externe et supérieure de la jambe droite. M.
Duco, de Tarbes, chirurgien de l'hôpital militaire de Barèges, après plus de quatre mois
d'un pansement régulier et méthodique, déconcerté par la résistance qu'offrait à ses soins
une blessure qui se rouvrait ou s'élargissait
sans cesse, après avoir été plusieurs fois sur le
point de se cicatriser, envoya le malade à
Bagnères, pour y respirer l'air natal, et attendre le moment favorable de se rendre à
Barèges, comme l'unique refuge. Impatient
de guérir ou d'être soulagé, M. *d'Uzer*, sur
le conseil d'un médecin, se fit porter à la Fontaine - nouvelle pour y doucher sa blessure.
Après quatre jours de leur usage, les eaux de
cette source procurèrent l'expulsion d'un frag-

ment de pantalon de laine, que la balle, qui n'est jamais sortie, avait entraîné profondément dans les chairs. Au bout de huit jours le malade quitta l'une de ses potences ; et en moins de trois semaines la plaie fut cicatrisée complètement, et M. *d'Uzer* marcha sans aucun appui.

OBSERV. 97.ᵉ M. *de Lussy (Xavier)*, de Maubourguet, fut atteint en Espagne, à la bataille de Talavéra, d'une balle qui lui fractura le *radius* de l'avant-bras droit, vers les trois-quarts inférieurs de son étendue : après un traitement très-long et divers accidens éprouvés à la suite d'une blessure aussi considérable, la plaie se cicatrisa ; mais M. *de Lussy*, contraint de porter son bras en écharpe, n'en était pas moins estropié. Le malade, pendant le cours de sa longue affection, avait appris à se servir de la main gauche pour écrire. Il était à Bagnères en qualité de capitaine dans la garde nationale chargée de la défense des frontières, en attendant qu'il pût se rendre aux eaux de Barèges dont on lui avait ordonné l'usage, lorsqu'on lui conseilla d'avoir recours aux eaux de la Fontaine-nouvelle. Ces eaux appliquées en douches, rouvrirent d'abord la cicatrice, procurèrent ensuite, dans l'espace de seize jours, l'expulsion de trois esquilles osseuses,

et bientôt après une cicatrice solide. M. de
de Lussy, contre son attente, fut parfaitement guéri.

OBSERV. 98.ᵉ Un laboureur de Clarac (Hautes-Pyrénées), âgé de 22 ans, avait depuis
plus d'un an neuf ulcérations atoniques plus
ou moins larges et profondes à la jambe
gauche, et sept à la droite, entourant les
deux membres dans tous les sens, depuis les
genoux jusqu'aux malléoles, avec rougeur éry-
sipélateuse et engorgement ; sa figure était dé-
colorée, son appétit languissant. Il fut mis
à l'usage de la tisane de patience, de douce-
amère et de saponaire, qui ranima ses facultés
digestives. Après quarante-deux douches prises à la Fontaine-nouvelle, pendant demi-heure
sur chacune des parties affectées, le malade
fut radicalement guéri. — Je revis ce jeune
homme vers la fin de décembre suivant ; la
rougeur contre nature de ses jambes avait presque entièrement disparu.

OBSERV. 99.ᵉ M. *d'Uzer (Auguste)*, capitaine retraité, fut atteint à la bataille de
Waterloo par un biscaïen qui lui perça de part
en part, et d'une manière oblique, la cuisse
gauche, vers ses trois-quarts inférieurs, en intéressant la face externe du fémur. On imagine
toute la gravité des accidens que dut éprouver

ce militaire , par suite d'une blessure aussi
dangereuse, dans une partie pourvue de tendons et de gros vaisseaux violemment contus
ou déchirés. Il était dans un si piteux état
lorsqu'il se rendit, à Tarbes, chef-lieu du département, dans le but d'obtenir sa retraite ,
qu'il fut porté dans le tableau qui contenait
les motifs de sa demande , comme ayant un
membre *de moins*. Le malade ne pouvait se
remuer qu'à l'aide de deux potences, et en
soutenant la jambe du membre blessé dans
une flexion continuelle, au moyen d'une large
bande qu'il assujétissait en la passant au tour
de son cou. Il y avait cinq mois que M. *d'Uzer*
avait inutilement tenté tous les moyens de
guérison usités, lorsqu'il commença de prendre
des douches à la Fontaine-nouvelle, où il était
obligé de se faire porter. Après quelques jours
de leur usage, et la sortie de plusieurs lamines
osseuses, il put porter à terre et y appuyer
la pointe de son pied. La continuation du même
remède pendant six mois, amena la cicatrice
des deux ouvertures faites par le biscaïen; et
après avoir encore usé des eaux de la même
fontaine pendant trois autres mois, pour faciliter le jeu de l'articulation tibio-fémorale,
et surmonter la rétraction des muscles fléchisseurs de la jambe sur la cuisse , M. *d'Uzer*

abandonna sa *béquille*, et prouva de plus fort par la cure étonnante et solennelle dont il avait été le sujet, que Bagnères a une source qui possède des vertus détersives et cicatrisantes à un degré qui ne laisse rien à désirer.

ARTICLE TROISIÈME.

Sources ferrugineuses froides. Analyse de la Fontaine d'Angoulême. Maladies guéries par les eaux de cette fontaine.

Au sud-ouest de Bagnères et à une distance très-rapprochée, s'élève un monticule qui présente une espèce de ravin; vers la partie supérieure de ce ravin, où l'art vient de former un charmant plateau, et à une hauteur d'environ cent cinquante mètres au-dessus du niveau de la ville, surgit une petite source éminemment ferrugineuse; c'est-là que la providence nous a ménagé ce trésor précieux négligé de nos pères, et qui semble n'avoir été vraiment connu que dans le temps heureux où l'illustre famille des BOURBONS nous a été rendue, comme si cette providence avait voulu se montrer bienfaisante et libérale de toutes les manières envers nous. L'accès en est commode et facile, au moyen de différentes routes que l'on a pratiquées et bordées d'arbres de toute espèce, pour entretenir dans ces lieux l'ombre et la fraîcheur. La vue s'étend au loin, et se porte directement sur la fertile plaine de l'Adour et sur les *Palomières* dont l'aspect est si riant ; du côté du midi, sur la vallée de Campan et les Pyrénées, et du côté du nord, sur Tarbes et un horizon immense d'une étendue de huit ou dix lieues. Des promenades dans tous les sens, plantées d'arbres, ont été ménagées sur le penchant de la montagne, pour l'agrément et la commodité de ceux qui font usage de cette source ; ces promenades, qui facilitent la communication avec plusieurs établissemens thermaux, offrent à des distances très-rapprochées, et sur les plus beaux points de vue, des lieux de repos embellis par des sièges de gazon, de petites cascades et diverses fontaines dont les eaux sont fraîches et limpides. On respire sur ces lieux élevés un air vif et pur qui, joint aux propriétés de l'eau ferrugineuse et à l'exercice modéré que tout invite à faire, ne peut que produire les effets les plus salutaires.

Cette fontaine, établie sous les auspices de

M. le comte *de Milon*, préfet du département, et embellie par ses soins (1) , a été dédiée à S. A. R. MADAME, Duchesse d'Angoulême. Cette généreuse Princesse a daigné accepter cette dédicace. La ville de Bagnères a fait élever dans ce lieu vraiment enchanteur , un monument dont le plan, autorisé par le gouvernement, est susceptible d'améliorations. On doit graver sur le frontispice, des inscriptions qui annoncent et les propriétés de la fontaine et l'illustre Princesse qui l'honore de sa protection (2).

---

(1) Un administrateur chez qui les lumières et la prudence ont devancé la maturité de l'âge, M. Gauthier-d'Hauteserve , sous-préfet de l'arrondissement, a mérité des Bagnerais le tribut particulier de remercîmens et de reconnaissance que je me plais à lui payer aujourd'hui, pour le zèle et l'empressement qu'il a mis à seconder les vues et l'impulsion de M. le Préfet du département , dans les améliorations et les embellissemens qui ont fait changer en quelque sorte la face de la ville de Bagnères dans l'espace de quelques mois.

(2) Nous ne devons pas laisser ignorer que M. Doubrère , pharmacien à Bagnères, est le premier qui, de concert avec le docteur Delpit de Bergerac, actuellement médecin en chef de l'hôpital militaire de Barèges, a constaté la nature ferrugineuse de cette fontaine , et qu'il a été chargé de rédiger le rapport officiel qui a été fait à ce sujet à l'autorité locale.

Analyse.

Propriétés physiques. — Cette eau n'a point d'odeur ; elle est claire, limpide ; son goût est éminemment métallique, mais cette impression désagréable est bientôt remplacée par une saveur légèrement styptique et fraîche.

Sa température est à onze degrés ; celle de l'atmosphère étant à 16, et celle de la rivière à 10.

Cette eau exposée à l'air libre, se trouble presque aussitôt ; elle laisse déposer un *précipité* brunâtre assez abondant : au bout de quelques instans elle ne jouit plus des mêmes propriétés, et elle n'est plus sensible aux mêmes réactifs ; aussi cette eau n'est pas susceptible de transport.

Examen par les réactifs.

Les expériences ont été faites à la source même.

1.º Le sirop de violettes est sensiblement verdi ; et au bout de quelques jours la couleur est totalement détruite.

2.º Le suc de noirprun la verdit.

3.º La teinture de tournesol est rougie dans le moment ; au bout de quelques heures elle ne jouit plus de cette propriété.

4.º Le nitrate d'argent, l'acide oxalique, l'oxalate d'ammoniaque, l'acide nitrique, sulfurique, muriatique, sulfureux, n'y produisent aucun changement.

5.º L'ammoniaque liquide, la potasse caustique, l'eau de chaux, donnent de légers précipités de couleur rouillée.

6.º Deux gouttes d'alcohol gallique y ont produit à l'instant une couleur violacée.

7.º Le prussiate de chaux y développe sur-le-champ une couleur bleu céleste. Elle prend beaucoup plus d'intensité par son exposition à l'air libre, ou par l'addition de deux gouttes d'acide sulfurique, muriatique.

8.º Le muriate de barite n'y produit d'abord aucun effet, mais il se forme quelques jours après un léger précipité coloré, qui n'est pas occasionné par la présence de l'acide sulfurique, puisqu'il est redissous en totalité par l'acide nitrique.

9.º L'acétate de plomb et le nitrate de mercure, produisent de légers précipités blancs.

10.º Le savon y est parfaitement dissous.

L'eau est restée en contact avec les réactifs pendant quinze jours.

D'après l'effet des réactifs employés,

1.º La couleur verte du sirop de violettes

et le suc de noirprun décèlent la présence d'une petite quantité d'alcali.

2.º La couleur rouge du tournesol, la présence d'un acide.

3.º Les précipités légers colorés, l'eau de chaux, l'ammoniaque, la potasse caustique, dénotent la présence du gaz acide carbonique.

4.º L'alcohol gallique et le prussiate de chaux, la présence du fer.

Cette eau paraîtrait donc n'avoir pour principes constituans,

1.º Que du gaz acide carbonique ; 2.º une certaine quantité d'alcali ; 3.º du fer.

Cette eau soumise à l'évaporation laisse dégager beaucoup de bulles, et dépose un précipité coloré. L'eau reste pendant toute son évaporation parfaitement transparente, et ne présente aucun autre phénomène remarquable. La quantité de gaz acide carbonique n'a pu être déterminée à cause des travaux qu'on fait à la source.

Quinze kilogrammes d'eau évaporée ont donné un résidu sec de cinquante grains.

Ce résidu ayant été envoyé à M. *Vauquelin*, avec prière d'en faire connaître toutes les parties, ce grand chimiste a consigné le résultat de ses opérations dans la lettre qu'il a adressée à M. l'inspecteur *Ganderax*, et dont la teneur suit :

Paris, le 28 mars 1817.

« Monsieur,

J'ai analysé le résidu de l'eau minérale ferrugineuse de Bagnères-de-Bigorre que vous m'avez envoyé, et j'y ai trouvé,

1.º De l'oxide de fer.

2.º Du carbonate de potasse.

3.º Une matière végétale brune, unie et rendue en partie soluble dans l'eau par le carbonate de potasse.

4.º Une petite quantité de carbonate de chaux.

5.º Du muriate de potasse.

6.º Un peu de silice.

C'est le fer qui domine dans le résidu ; il devait être tenu en dissolution dans l'eau minérale par l'acide carbonique qui s'est dissipé pendant l'évaporation.

L'alcali doit être aussi uni à l'acide carbonique.

La substance végétale doit être aussi dissoute à la faveur du carbonate de potasse.

Cette eau minérale appartient essentiellement à la classe des eaux ferrugineuses ; les muriate et carbonate de potasse qu'elle récèle peuvent encore ajouter à ses qualités médicinales.

J'ai l'honneur d'être, etc.

Vauquelin. »

Observ. 100.ᵉ Une femme du peuple âgée de quarante-trois ans, traînait une existence pleine de langueur, à la suite d'une fièvre bilieuse, durant laquelle elle avait été fortement purgée neuf ou dix fois. L'anorexie, des flatuosités fatiguantes pendant la digestion, des engorgemens que l'on distinguait facilement sous les deux hypocondres, tout annonçait une extrême atonie des viscères abdominaux. La boisson des eaux ferrugineuses pendant vingt-trois jours du mois d'octobre 1816, soutenue dans les derniers temps par les bains tempérés de Théas, rétablit les menstrues en ranimant l'action des organes digestifs, et fit disparaître tous les accidens consécutifs de la fièvre gastrique que la malade avait essuyée trois mois auparavant.

Observ. 101.ᵉ M.ˡˡᵉ de P. de l'âge de 17 ans, seul reste d'une famille nombreuse, et l'unique espoir de ses parens, vint à Bagnères, accompagnée de sa mère, vers le milieu du mois d'août 1816. Elle était munie d'un mémoire du médecin qui nous l'avait adressée. Cette jeune personne qui n'était pas encore réglée, présentait des symptômes alarmans. Visage abattu, décoloré, d'un pâle jaunâtre, rougeur des extrémités des paupières, tuméfaction des ailes du nez et de la lèvre supérieure, deux tumeurs glanduleuses à la partie latérale gauche du cou, gonflement œdémateux des malléoles, aversion pour l'exercice, lenteur dans les mouvemens, sentiment de lassitude et de pesanteur dans les cuisses, palpitations de cœur, et respiration pénible et précipitée par un mouvement du corps un peu plus animé que de coutume, appétit languissant, et douleurs fréquentes dans la région de l'estomac (La malade portait un cautère). Les phénomènes décrits annonçaient évidemment une disposition scrofuleuse et un relâchement considérable du système entier des solides. Les indications étaient donc de relever le ton des organes en général, et d'exciter en particulier l'action de *l'uterus*. Dans ces vues, la malade fut mise à l'usage des eaux de Lasserre en boisson, qui procurèrent presque tous les jours des selles auparavant assez rares, et réveillèrent bientôt l'appétit, en ranimant le ton de l'estomac. Des bains de 25 degrés de chaleur appuyaient l'action stimulante du sirop antiscorbutique de Portal, dont elle prenait, une heure avant son souper, une cuillerée à bouche dans une tasse d'infusion de gentiane. Ces moyens étaient secondés par des frictions sèches pratiquées le matin avec de la flanelle dans les membres inférieurs, par des exercices journaliers , la respiration d'un air vif et stimulant dans les lieux élevés les plus romantiques , qui avaient pour Mlle de P. les plus puissans attraits , par un régime alimentaire tonique , avec exclusion des farineux et des laitages , suivant les préceptes et la pratique de nos plus grands maîtres. Mlle de P. ne tarda pas à ressentir les plus heureux effets du régime et des remèdes mis en pratique. Elle supportait déjà des courses assez longues , sans éprouver aucun sentiment pénible de fatigue ni de langueur , lorsque les guérisons produites tous les jours par la Fontaine ferrugineuse qui commençait alors à être fréquentée , nous engagèrent à conseiller à la malade l'usage de ce remède héroïque. Cent quatre-vingts verres d'eau de cette source , pris pendant les mois de septembre et d'octobre , produisirent des résultats qui surpassèrent même notre attente. La disparition totale des symptômes scrofuleux et chlorotiques , la blancheur de la peau , la fraîcheur du teint , et le premier écoulement des menstrues sans aucune douleur , exaucèrent les vœux les plus ardens et comblèrent de joie la plus tendre des mères.

OBSERV. 102.e Un colporteur âgé de 48 ans, gros et charnu, vint nous consulter au commencement du mois d'août dernier, pour savoir quelles étaient les eaux minérales dont il devait faire usage contre une hydropisie générale, à raison de laquelle il s'était rendu à Bagnères, par l'avis des médecins qui l'avaient traité jusqu'alors, et dont ils avaient voulu sans doute se débarrasser, après l'avoir infructueusement médicamenté de différentes manières pendant plusieurs mois. Cet homme d'un volume tellement énorme que l'on avait été contraint de le transporter sur un tombereau, pouvait à peine répondre à nos demandes, étant sans cesse tourmenté par une toux continuelle et une extrême difficulté de respirer. La recherche des causes de cette anasarque nous fit juger qu'elle était le produit d'une faiblesse générale, et sur-tout du relâchement des vaisseaux lymphatiques. Pour dissiper les fluides accumulés, nous préférâmes les diurétiques aux évacuans émétiques et purgatifs, déjà plusieurs fois employés. En conséquence, nous prescrivîmes au malade de prendre tous les matins un bol d'un apozème fait avec des substances diurétiques amères, et aiguisé avec vingt grains d'acétate de potasse (terre foliée de tartre), et à dix heures, une cuillerée de vin scillitique, et autant vers les cinq heures du soir. Le malade ayant mal entendu notre prescription, prit aux heures indiquées deux

cuillerées de vin, au lieu d'une, ainsi qu'il
lui avait été recommandé. L'emploi de ce
moyen durant sept jours, fit rendre sur-tout
pendant la nuit des quantités énormes d'urine
à cet hydropique, qui, après ce temps, vint
nous assurer qu'actuellement il avait repris son
sommeil, qu'il respirait à son aise, que son
enflure avait disparu, qu'il pouvait se tenir
étendu dans son lit, qu'enfin il était tout-à-
fait guéri. L'inspection de son corps nous fit
voir des chairs flasques et molles, et le derme
comme pendant et ridé dans les lieux où il
avait été le plus distendu. . . . . Il restait une
autre grande indication à remplir ; il fallait
relever le ton du système digestif et vasculaire. Dans ce but, nous conseillâmes au malade un exercice modéré, de pratiquer le
matin des frictions sèches, avec une flanelle,
sur toute l'habitude du corps, et notamment
sur les membres inférieurs ; de boire à jeun
les eaux ferrugineuses de la Fontaine d'Angoulême, et même à son premier repas. L'effet
corroborant de cette eau sur toute la constitution fut tel au bout de quinze jours, que
notre homme, dans l'enthousiasme de la joie
qui le possédait, assaillait tous les passans,
sur-tout ceux qu'il croyait étrangers, et leur
racontait avec chaleur l'histoire de la longue

affection qu'il venait d'éprouver, et les mira=
cles de la nouvelle fontaine. Il n'a cessé l'u-
sage de ces eaux bienfaisantes qu'après deux
mois, époque à laquelle il jouissait d'une parfaite santé.

OBSERV. 103.ᵉ *Vincent Pujo*, maçon à Bagnères, fut sujet pendant deux ans à différens
désordres intestinaux, dont le symptôme principal était le sentiment d'une chaleur mordi-
cante qui lui faisait éprouver des douleurs si
vives qu'il était obligé de garder la retraite ,
et de suspendre les travaux de sa profession.
Le régime tempérant , les boissons adoucissantes , le repos calmaient , mais ne guéris-
saient pas une affection qui lui portait les
plus rudes atteintes au moment où il s'y at-
tendait le moins. Après cet espace de temps ,
la maladie étendit son théâtre , et exerça dans
l'estomac ses principales fureurs ; alors , sensation incommode dans la région de ce viscère, gonflement, flatuosités, rapports, abat-
tement, difficulté de respirer , et parmi les
symptômes les plus dominans , quintes de toux
sèche les plus violentes , accompagnées d'un
état de constriction ou de resserrement des
bronches qui faisaient craindre la suffocation.
Le malade durant ces attaques , souvent noc-
turnes , obligé de se tenir son séant pour

pouvoir respirer, avait été dans plusieurs circonstances obligé de réclamer les secours d'un médecin, qui calmait ces désordres au moyen de quelque potion antispasmodique. La toux et l'oppression étant les symptômes les plus marquans, fixèrent particulièrement l'attention du malade qui, à son grand détriment, faisait un usage fréquent de boissons relâchantes et mucilagineuses. Le hasard lui fournit un jour l'occasion de nous consulter sur sa toux sèche. Cette affection importune et la circonstance d'avoir éprouvé quelques catarrhes, auxquels sont assez sujets les gens de sa profession, nous firent penser qu'il pouvait y avoir dans sa poitrine constitutionnellement délicate, une disposition inflammatoire qui méritait la plus sérieuse considération. Dans cette idée, nous conseillâmes l'usage d'un régime tempérant et de boissons légèrement rafraîchissantes ; nous recommandâmes sur-tout au malade d'éviter l'action de l'air froid lorsqu'il serait échauffé par l'exercice, et de ne pas s'exposer au *stimulus* de la poussière provenant de la démolition des vieux murs ou des colombages. Comme nous nous abusions l'un et l'autre, et comme il est aisé de tomber dans l'erreur et de commettre les fautes les plus graves, lorsque, pour remonter à *l'étiologie* d'une affection, on ne fait qu'un examen léger et superficiel d'un petit nombre de phénomènes communs à des maladies de *nature* et de *siège* différens ! L'état du malade était loin de s'améliorer par l'observation rigoureuse des moyens qui lui avaient été jusqu'alors indiqués, lorsque, entendant raconter à quelqu'un qu'il avait été guéri de gonflemens et de maux d'estomac par la boisson de l'eau ferrugineuse, il s'avisa d'essayer de ce remède, qu'il avait vu peu de temps auparavant avec indifférence, en présidant aux travaux de maçonnerie qu'il s'était chargé d'exécuter au tour de la fontaine. Trente-deux verres d'eau de cette source, pris dans le mois de juillet (1817), par ce maçon, avant l'heure de ses travaux ordinaires, qu'il n'a jamais interrompus, ont suffi non-seulement pour faire disparaître les symptômes gastriques et pectoraux que nous avons décrits, mais encore des palpitations de cœur et des battemens ou fortes pulsations qu'il éprouvait dans l'abdomen, chaque fois qu'il se rendait sur la hauteur où cette fontaine est placée, pour y travailler, ainsi que les trois ou quatre premiers jours de la boisson des eaux de cette source. Depuis cette époque, le maçon *Pujo* jouit d'un état de santé des plus satisfaisans, qui ne s'est jamais démenti. (Voilà *sans contredit un autre exemple bien sensible d'une affection sympathique grave des organes pulmonaires , dont le siège réel est dans un des principaux viscères de l'abdomen.)*

O Bordeu ! avec quel pinceau de maître n'avez-vous pas tracé le véridique tableau des différens désordres occasionnés par un état de sensibilité vicieuse des nerfs gastriques ! Avec quelle fidélité n'avez-vous pas signalé la suffocation qu'éprouvent certains malades à l'occasion de *l'irruption* que fait l'estomac contre le diaphragme , lorsqu'il se gonfle et se *dresse* , comme pour s'opposer aux secousses sensibles que lui cause cet organe par sa réaction ! Vous avez également bien aperçu que les flatuosités produites par la faiblesse du ventricule devenaient , à leur tour , en distendant et en irritant considérablement ce viscère , une cause secondaire de spasmes , de convulsions et d'irritations sympathiques, dont le principal théâtre était dans la cavité thoracique, comme dans le sujet dont nous venons de raconter l'histoire. C'est encore au cas que nous venons de citer , où l'état hypocondriaque de notre maçon était entretenu par l'irritation et la faiblesse , avec prédominance de ce dernier principe, que se rapportent ces paroles mémorables , digne fruit de votre ex-

périence et de vos profondes méditations. «Les
» adoucissans que plusieurs prescrivent avec
» excès dans l'hypocondrie, ne conviennent
» pas, au moins dans tous les états de la ma-
» ladie ; ils ne font que l'*étouffer*, l'*assoupir*
» et la *défigurer*, sans la conduire à sa fin ; ils
» la font souvent dégénérer, de simple et ré-
» gulière qu'elle était, en une source féconde
» d'autres maux. (C'est ainsi qu'avait dégénéré
» la chaleur d'entrailles du maçon dont il s'agit.)
» Les échauffans , quoiqu'ils augmentent les
» forces, causent quelquefois moins de *chaleur*
» que les rafraîchissans même qu'on vante si
» fort, etc. etc. » (1)

OBSERV. 104.e M.me la duchesse de *Frias*,
grandesse d'Espagne de la première classe, d'un
tempérament lymphatico-nerveux, se rendit à
Bagnères dans le mois de septembre dernier,
avec M. le duc son mari, pour y faire usage

---

(1) Ces réflexions du médecin béarnais, et les fâcheux
résultats de la méthode relâchante employée par notre
malade, dans les premiers temps de son affection, confirment donc cette importante vérité .... *que les fortifians
permanens sont les vrais antispasmodiques et les seuls
rafraîchissans ou anti-phlogistiques réellement indiqués,
quand le spasme et la chaleur sont principalement le produit de l'atonie des organes qui en présentent le siège.*

(116)

des eaux minérales, par l'avis de MM. les médecins de la cour. Elle nous fit appeler le jour
même de son arrivée, pour nous consulter et la
diriger dans son traitement. L'examen de son
état nous offrit les phénomènes suivans : teint
blême et tirant sur le jaune, embonpoint tenant de la bouffissure, peu commun dans une
femme de 26 ans, lenteur dans les mouvemens, repugnance pour l'exercice à pied, en
un mot, langueur générale dans toutes les
fonctions. Ces circonstances et sur-tout celle
d'avoir éprouvé deux fausses couches sans
cause connue, l'une au 3.me et l'autre au 4.me
mois de deux grossesses consécutives, nous
firent penser que ces derniers accidens et l'ensemble des symptômes que nous venions d'observer, étaient le résultat de la faiblesse générale de la constitution, et plus particulièrement de la *laxité* de l'*uterus*, affecté d'une
irritabilité vicieuse qui s'opposait à son développement pendant la gestation. Les remèdes
propres à resserrer les fibres et à donner du
ton à tout le système, étaient évidemment
indiqués. Nous eûmes d'abord recours aux plus
doux, à raison d'une colique spasmodico-flatu-
lente dont S. Exc. était par fois affectée. Pour
remplir ces vues, M.me la duchesse fit usage
pendant huit jours des eaux du Salut, en bain

et en boisson ; ensuite , les bains de Santé, plus fortifians , et la boisson des eaux ferrugineuses remplacèrent celles de la première fontaine. Ces moyens soutenus par des promenades variées et l'exercice modéré de la danse ; eurent le succès le plus complet. Son Exc. vit avec une joie difficile à décrire son teint s'éclaircir et ses forces augmenter, au point que, dans les derniers temps, elle allait à pied boire les eaux de la source salutaire, à laquelle elle voulut rendre un dernier hommage en la visitant le jour même de son départ (le 22 octobre 1817).

FONTAINE FERRUGINEUSE DE CARRÈRE.

Cette fontaine est située dans un petit vallon entre le Bedat et le Mont-Olivet, à environ un demi-quart d'heure de distance de l'établissement qui contient les eaux de la Reine. Les procédés chimiques ont démontré que cette source froide contient les mêmes principes que la fontaine ferrugineuse d'Angoulême, et l'expérience a prouvé qu'elle possède les mêmes propriétés médicamenteuses.

Il existe près de la source chaude du Petit-bain une fontaine abondante de 21 degrés de chaleur, légèrement ferrugineuse, qui n'a servi jusqu'à présent qu'à tempérer l'eau du Petit-bain. — On peut tirer de cette fontaine le parti le plus avantageux dans les divers cas d'action vicieusement augmentée des forces sensitives de l'estomac, où l'on aurait à redouter l'impression stimulante trop active des sources ferrugineuses froides.

TROISIÈME PARTIE.

ARTICLE. PREMIER.

Des différentes causes qui empêchent de retirer des eaux de Bagnères tous les biens qu'elles peuvent produire. Moyens de prévenir et d'éviter ces causes. Analyse d'une des principales sources salines. Manière d'agir des eaux de ces sources.

Les diverses qualités des eaux minérales de Bagnères étant reconnues et bien constatées par l'histoire des maladies et des guérisons que nous venons de rapporter, cette question se présente ici naturellement.

Quelles sont donc les causes qui ont fait perdre aux eaux de Bagnères une partie de la vogue dont elles jouissaient du temps des Bordeu, malgré toutes leurs menées, et qui les empêchent de produire plus fréquemment les nombreux bienfaits qu'on est en droit d'en attendre ?

Nous allons tenter de signaler une partie de ces causes, bien convaincus que dans une recherche aussi importante aucune considération particulière ne doit nous empêcher de dire toute la vérité.

Qu'allez-vous faire à Bagnères, crient des voisins malintentionnés et jaloux, aux crédules étrangers qui ne leur demandent pas des conseils et qui par l'ordonnance de leurs médecins se dirigent vers nos sources ? Nous avons ici d'*excellens* docteurs... consultez-les avant d'aller plus loin... vous en serez *satisfaits*... Croyez-nous, prenez la route de St.-Sauveur, de Barèges ou de Cauterets (1) ; les eaux de ces sources sont *meilleures* que celles de Bagnères, etc. etc. Cet inepte et ridicule langage équivaut à celui-ci, l'émétique est *meilleur* que le kina ; l'opium est *préférable* aux cantharides, etc. Ces rapsodies multipliées par le bavardage des servantes et des valets d'écurie, sont répétées de proche en proche, et comme par

---

(1) C'est exactement dire aux personnes que l'on cherche à séduire : *Si vous allez à Bagnères, je ne vous verrai plus ; si vous allez aux eaux que je vous indique, vous reviendrez souper et coucher chez moi, car il faut tout juste une journée pour parcourir la distance qui nous sépare de Saint-Sauveur, de Cauterets et de Barèges...*

écho, par la nombreuse classe de faux médecins répandus dans les campagnes ; en sorte que parmi ces derniers comme parmi l'ignorante populace, il demeure reçu sans discussion, sans examen, sans connaissance de cause, et seulement parce qu'on l'a ouï-dire, que dans tous les cas où le recours aux eaux minérales sera jugé nécessaire, on doit donner la préférence aux eaux de St.-Sauveur, de Barèges ou de Cauterets sur celles de Bagnères.

Ces assertions que nous combattons, ne sont-elles pas évidemment marquées au coin de l'erreur et de l'égoïsme le mieux entendu ? (1) Dans le but que nous nous sommes proposés

---

(1) Il est bien malheureux pour les voyageurs malades que tant d'aubergistes placés sur les embranchemens des routes des eaux minérales, que des particuliers qui possèdent de superbes bâtimens à Saint-Sauveur, Cauterets et Barèges, se livrent avec autant d'acharnement à des manœuvres intéressées, dont on éprouve une sorte de honte à dévoiler les motifs ; mais ce qu'il y a de plus désastreux et de plus révoltant encore, c'est de voir des hommes de l'art, abusant d'une réputation d'ailleurs bien acquise, renforcer de tous leurs moyens une ligue dangereuse, que nous nous voyons contraints de signaler ! Heureusement que les médecins qui pratiquent près des sources thermales dont nous parlons, ont le bon esprit de renvoyer à Bagnères quelques-unes des tristes victimes de la cabale et d'une trop confiante crédulité.

d'atteindre, et sur-tout en faveur des gens de l'art bien intentionnés, mais irréfléchis, nous observerons que les eaux minérales le plus généralement connues, sont divisées en quatre grandes classes, savoir : les eaux sulfureuses ou hépatiques, les eaux ferrugineuses ou martiales, les eaux gazeuses ou acidules, enfin les eaux salines; que quoique ces eaux aient des propriétés qui leur sont communes, elles en ont pourtant qui leur sont particulières, et qui ne peuvent se suppléer les unes par les autres; que l'une de ces classes ne peut pas plus exclure l'usage des autres, qu'un genre de maladie ne peut exclure les autres genres; et qu'en général, comme le remarque judicieusement Tissot, l'essentiel pour ordonner les eaux thermales, c'est de savoir à quelle classe elles appartiennent, et si elles sont fortes ou faibles dans leur classe.

Les propriétés des quatre classes d'eaux minérales sont donc relatives aux cas particuliers de leur application.

C'est donc un préjugé bien dangereux que de vouloir attribuer une sorte de prééminence à quelqu'une d'entre elles sur les autres. La *meilleure*, et même la seule *bonne*, est par conséquent celle qui est en rapport avec l'affection morbifique que le médecin se propose de combattre. (1)

Un autre cri de guerre que poussent et que répètent automatiquement les individus dont nous venons de parler, c'est le cri suivant : *Les eaux de Bagnères ne sont que thermales ou chaudes ; les bains que l'on y prend ne sont que rafraîchissans , des bains de propreté...* Ces clameurs de l'ignorance et de la mauvaise foi cesseront de nous surprendre, sans doute, lorsque l'on en aura bien reconnu l'origine et les motifs. Mais, que devra-t-on penser de la bonhomie, pour ne rien dire de plus , d'un personnage aussi distingué que *Fourcroy* , qui est devenu si facilement l'écho de ces étranges clameurs ? Croira-t-on aisément, à moins de l'avoir constaté de ses propres yeux, que cet

---

(1) Comment se peut-il que des vérités aussi palpables ne puissent germer que dans un si petit nombre de têtes, et que des hommes, sensés d'ailleurs passablement instruits, se laissent atteindre par la contagion qui dévore les babillards les plus ignares de toutes les classes. *Il faut convenir ,* disait, il y a quelque temps , un pharmacien en ma présence, *que les eaux de Barèges sont meilleures que celles de Bagnères...* Je pense qu'avec un peu de réflexion ce monsieur pourrait tenir un *meilleur* langage. Au reste, il exerce sa profession sur la route qui conduit aux eaux sulfureuses des Pyrénées, et c'est tout expliquer...

écrivain ait inséré dans l'Encyclopédie par ordre de matières un article sur Bagnères, où il
paye le tribut le plus révoltant à l'inconséquence
et à l'erreur ? Tout est faux dans ce qu'il y débite au sujet de nos sources, qu'il prétend être
peu abondantes, et se trouver la plupart dans
des lieux *resserrés*, *obscurs* et *humides*, tandis
qu'il lui eût été si facile de s'assurer de la réalité des circonstances absolument opposées, et
de donner au public sur ces importantes matières des notions plus conformes à la vérité.
Mais, ce que l'on aura plus de peine à croire
encore, c'est qu'un chimiste aussi exact que se
piquait de l'être *Fourcroy*, ait réduit, sans
connaissance de cause, les eaux de Bagnères à
n'avoir d'autres propriétés que celles de l'eau
chaude, et qu'il soit ensuite convenu que leurs
propriétés médicales sont d'être *diurétiques*,
apéritives, *purgatives*, *incisives*, *résolutives*, *fortifiantes*, *diaphorétiques* ; qu'elles s'emploient
intérieurement avec succès dans la *cachexie*,
la *jaunisse*, la *suppression des règles* et des
hémorroïdes, dans les *maladies chroniques de
la poitrine* ; qu'enfin, à l'extérieur, elles sont
très-efficaces dans les *rhumatismes*, la *paralysie*, les *tumeurs des membres* et les *maladies
de la peau*. Quelqu'un pourra-t-il se persuader
que l'auteur eût la conviction intime que l'on

peut guérir avec l'eau de la Seine, convenablement chauffée, toutes les maladies que nous
venons d'énumérer ? et s'il suffit seulement de
donner une chaleur artificielle à de l'eau commune quelconque, pour produire de semblables miracles, comment se fait-il qu'un nombre
incalculable de dupes soit venu depuis des
siècles à Bagnères, chercher à leurs maux des
remèdes que l'eau du premier *puits* ou du premier *ruisseau,* suffisamment chauffée, pouvait
commodément leur offrir ? — Convenons que
Fourcroy fut ou la dupe ou l'instrument aveugle d'une cabale odieuse qui ment avec effron-
terie lorsqu'elle trouve quelqu'intérêt à trahir
la vérité, comme l'a fait un de ses chefs, l'auteur de l'art d'imiter les eaux minérales. (1)
L'habile chimiste dont nous parlons eût bien
mieux agi dans l'intérêt de l'humanité qui souffre, si, cherchant à l'éclairer, il se fut procuré
des notions exactes sur les eaux minérales de
Bagnères, et sur les commodités et les agrémens
peu communs avec lesquels on peut en faire
usage, ou si, pour mieux remplir son but, il
se fût transporté sur les lieux, pour y étudier
la nature et les propriétés des sources, soit en

---

(1) C'est l'autorité que cite Fourcroy, mais qu'il ne
nomme pas.

observant leurs effets sur le corps humain, soit en les analysant. Cet utile travail lui eût sans doute donné pour résultat celui qui a été obtenu en 1806 par un pharmacien chimiste de nos contrées, et qui se trouve consigné dans le tableau suivant (1)

Analyse des Eaux de la Reine.

Ces eaux sont claires, très-limpides, sans odeur, ayant un goût légèrement astringent, et donnant aux canaux qu'elles parcourent une couleur ocreuse.

Elles n'éprouvent aucune altération à l'air.

Elles verdissent le sirop de violettes.

Traitées par l'*ammoniaque liquide*, elles donnent un précipité blanc, floconneux, de même que par la *potasse caustique.*

---

(1) C'est au zèle et aux talens de M. Rozière, pharmacien à Tarbes, que nous sommes redevables de l'analyse des eaux de Labassère, des fontaines ferrugineuses froides, et des eaux de la Reine de Bagnères. Il est à regretter que M. Rozière n'ait pas rectifié l'analyse déjà faite de celles de nos sources qui ont le plus de vogue. Ce travail eût peut-être éclairé ce que l'expérience et l'observation nous ont révélé depuis si long-temps sur les propriétés particulières de ces sources.

Par l'*eau de chaux*, un léger précipité blanchâtre.

Par l'*acide oxalique*, un précipité grisâtre.

Par l'*alcohol gallique* et l'*acide prussique*, avec addition d'eau de chaux, un léger précipité bleuâtre. La couleur a pris beaucoup plus d'intensité par l'addition de quelques gouttes d'acide sulfurique ou muriatique.

L'*acide sulfurique*, *muriatique oxigéné*, *sulfureux*, *nitrique*, *acétique*, n'en troublent nullement la transparence.

Par le *muriate de barite*, le précipité a été blanchâtre.

Le *nitrate d'argent* a produit un précipité cailleboté. La surface du liquide a pris une couleur irisée.

Le *nitrate de mercure* a légèrement blanchi l'eau.

Par l'*acétate de plomb* et le *nitrate de bismuth*, les précipités ont été blancs.

D'après l'effet des réactifs employés, la couleur verte qu'a pris le sirop de violettes décèle la présence d'un alcali quelconque.

Le précipité insoluble dans l'acide nitrique par le muriate de barite, prouve l'existence de l'acide sulfurique, de même que les précipités occasionnés par la potasse caustique et le nitrate de mercure.

Le précipité blanc par l'ammoniaque, démontre la présence de la magnésie.

L'acide oxalique, la présence de la chaux.

Le précipité cailleboté par le nitrate d'argent, la présence de l'acide muriatique.

Le léger précipité par la chaux, la présence du gaz acide carbonique.

Enfin, le précipité bleuâtre par l'alcohol gallique, etc., décèle la présence du fer.

Quinze kilogrammes de l'eau de la Reine évaporée, nous ont donné un résidu sec du poids de trente-trois grammes. Le résidu n'avait point de saveur, n'attirait point l'humidité de l'air : traité d'après les procédés indiqués par les célèbres Vauquelin et Fourcroy, nous avons obtenu le résultat suivant :

1.º Muriate de Magnésie (Sel marin magnésien).......................... 13 décigrammes.
2.º Muriate de soude (Sel marin)... 6 décigrammes.
3.º Sulfate de soude (Sel de Glauber) 4 grammes 1/2.
4.º Sulfate de chaux (Sélénite).... 17 grammes 1/2.
5.º Carbonate de chaux (Terre calcaire)............................ 4 grammes 1/2.
6.º Carbonate de magnésie (Magnésie) 1 gramme 1/2.
7.º Carbonate de fer (Safran de mars) 2 grammes.
Reste................ 8 décigr. (1)

---

(1) La sélénite que l'on trouve ordinairement dans les eaux minérales salines, en une quantité qui paraît grande proportionnellement aux autres substances salines qui entrent

Il suit de ces détails, et d'autres résultats
analytiques qu'il est inutile de rapporter, qu'à

---

dans leur composition, a fait croire à certaines personnes
que ce sel terreux devait rendre ces eaux mal-saines et de
mauvaise qualité, comme le sont les eaux de puits qui ré-
cèlent beaucoup de sulfate de chaux. « Les inductions
» que l'on a tirées de cette prétendue ressemblance, dit le
» professeur Figuier, ne sont pas justes et sont en oppo-
» sition avec l'expérience de tous les temps. Il est à la
» vérité des eaux de puits qui sont crues et indigestes,
» parce qu'elles contiennent beaucoup de sélénite ; mais il
» faut observer que ces eaux ne sont pas courantes, qu'elles
» sont peu aérées, qu'elles sont froides, et que les sels ter-
» reux insolubles y sont presque seuls. Il en est autrement
» des eaux minérales-salines-thermales ; celles-ci contien-
» nent presque toujours une grande quantité d'air atmos-
» phérique en dissolution ; les sulfates et carbonates terreux
» y sont mêlés avec d'autres sels solubles ; et en vertu de
» l'action réciproque que les sels exercent, ils y sont dans
» un état différent que lorsqu'ils y existent isolément : la
» longue, constante et uniforme chaleur qui règne dans
» les entrailles de la terre, où ces eaux circulent, peut
» favoriser, maintenir, augmenter même la tendance que
» les corps salins ont à s'unir entr'eux, et leur communi-
» quer par conséquent des vertus plus énergiques. *La na-*
» *ture produit des effets qu'il n'est pas permis à l'homme*
» *de connaître ni d'imiter ;* elle a à sa disposition et le
» temps et les lieux ; et, quelques grands que soient les
» moyens de la chimie, ils sont bien loin d'égaler ceux
» que l'auteur de toutes choses met en usage. Les procédés

raison des principes minéralisateurs qui prédominent dans la plupart des eaux thermales de

---

» synthétiques ne seront jamais aussi exacts et parfaits que
» ceux formés dans le vaste laboratoire de la nature. Com-
» bien d'exemples ne pourrai-je pas citer pour démontrer
» cette importante vérité ! Qu'on me permette d'en rap-
» porter seulement deux. 1.º Si l'on fait absorber à un
» volume d'eau connu , de l'acide carbonique ou tout
» autre gaz soluble dans ce liquide, dans la même pro-
» portion qu'en contient un égal volume d'eau minérale
» naturelle, de même nature ; qu'ensuite on fasse chauf-
» fer séparément et au même degré ces deux volumes
» d'eau , tenant en dissolution une égale quantité de gaz ;
» l'eau préparée artificiellement le laissera dégager plus
» facilement que l'eau minérale naturelle. — 2.º Qu'on
» fasse chauffer un poids connu d'eau, au même degré
» que l'est une eau minérale-thermale ; qu'on verse l'un
» et l'autre dans deux vases de même nature et de même
» capacité, dans chacun desquels on aura placé un ther-
» momètre : on observera que l'eau minérale naturelle
» se refroidit plus lentement que celle qui aura été chauffée.
» Ces deux exemples suffisent pour prouver que le gaz
» et le calorique sont combinés plus intimement dans les
» eaux minérales naturelles que dans celles faites par l'art.
» Ce principe peut s'appliquer à tous les corps contenus
» dans les eaux minérales, principalement à la classe
» des eaux salines. Elles peuvent par conséquent posséder
» des propriétés dont la cause ne peut être exactement
» connue ni du chimiste ni du médecin, etc. » *Anal.*
des eaux d'Ussat.

Bagnères, ces eaux doivent être rapportées à la classe des eaux salines. Aussi certaines sources en possèdent-elles éminemment toutes les propriétés. Ce sont probablement les différens sels, le gaz acide carbonique et le fer qu'elles tiennent en dissolution, qui, par le stimulus qu'ils produisent, sur-tout dans l'estomac et le tube intestinal, sollicitent l'action de ces parties, et raniment ainsi la contractilité fibrillaire du système entier des voies digestives. Appliquées à l'extérieur, ces eaux en général (nous avons parlé des exceptions) impriment une sorte de rudesse à la peau qui se fronce. Le volume des parties extérieures diminue pendant le bain. L'extrémité des doigts sur-tout se resserre et se déprime de la manière la plus sensible. Cette constriction, ce resserrement, cette augmentation de ton et de force du système dermoïde se répètent sympathiquement dans les organes internes, et très-spécialement sur toute l'étendue du conduit alimentaire (1); et de là sans doute cette faculté fortifiante ou tonique que les bains de Bagnères possèdent au degré le plus éminent. Ils sont même toniques à ce point de

---

(1) A raison de l'étroite connexion qui existe entre ce conduit et la peau.

température moyenne où celui qui les prend éprouve un sentiment de bien-être et une chaleur agréable et douce à l'extérieur du corps ; c'est-à-dire, depuis le 26.ᵉ ou 27.ᵉ degré de chaleur jusqu'à celui de la chaleur du sang (29.° Reaumur.) Au-dessous de ces degrés, nos eaux comme toniques sont en général préférables aux bains froids : on peut, en effet, les mettre en usage sans craindre qu'ils produisent comme ces derniers un refoulement pernicieux du sang vers un organe essentiel à la vie, dans un état actuel de vive irritation, d'engorgement, ou affecté d'une faiblesse relative, ou d'autres accidens plus ou moins dangereux que les bains froids occasionnent dans les constitutions délicates et mobiles qui en sont irritées, et chez les individus dont les forces vitales trop affaiblies, sont incapables d'une réaction salutaire du centre à la circonférence. (1)

____

(1) On peut dans des circonstances que le médecin qui connaît bien la constitution du malade, peut seul déterminer, diminuer petit à petit la chaleur du bain, pour la conduire au degré d'une fraîcheur agréable. « Quand on » a affaire à des personnes très-sensibles, dit Macquart, » on administre le bain tiède pour venir insensiblement au » frais ou froid, par l'addition graduelle de l'eau froide. » On peut de cette manière passer de 30 degrés à 18, sans » être affecté à beaucoup près aussi vivement. Le bain de-

Il résulte de ce qui précède, que l'on peut retirer les plus grands avantages des eaux minérales de Bagnères dans le traitement des maladies nerveuses : examinons maintenant pour quels motifs ces avantages ne sont pas aussi nombreux qu'ils devraient l'être, sur-tout dans un pays où tout conspire à les réaliser.

Les affections nerveuses, comme tant d'autres, se présentent très-fréquemment sous les mêmes formes, quoiqu'elles tiennent à des principes morbifiques très-différens. Il suffit néanmoins à la masse des guérisseurs vulgaires d'apercevoir des symptômes vaporeux, hypocondriaques ou hystériques pour se croire autorisés, après avoir épuisé leurs formules antispasmodiques incendiaires, à envoyer leurs malades excessivement irrités, aux eaux minérales de Bagnères, comme à leur dernier refuge.

Nul doute que les maladies nerveuses générales, et spécialement l'affection hypocondriaque par atonie, faiblesse ou relâchement, ne

---

» viendra par ce moyen tonique et rafraîchissant. Le res-
» serrement qui a lieu insensiblement n'est guère que le
» produit de la pression, et non d'une crispation spasmo-
» dique, parce que le corps s'accoutume par une transition
» lente à souffrir le froid ; la révolution est moindre dan
» le système nerveux. »

soient tous les jours victorieusement combattues par le seul usage de nos eaux prises de
prime abord en bain et en boisson. Les nombreuses observations que nous avons rapportées
démontrent encore que la boisson seule suffit
très-souvent dans la curation des maladies nerveuses purement sympathiques. « Les maladies
» vaporeuses, spasmodiques, remarque Tissot à
» ce sujet, ne tiennent pas toujours uniquement
» à une mauvaise disposition du système ner-
» veux ; elles sont quelquefois sympathiques,
» et dépendent d'un état maladif de l'estomac
» et du canal intestinal ; dans ces cas, les eaux
» salines prises intérieurement à petites doses,
» et long-temps continuées, ont souvent pro-
» duit de bons effets. »

Mais lorsqu'une affection nerveuse, quelque
forme qu'elle revête et sous quelque nom qu'on
la désigne, tient à un état de spasme, d'irritation vive, ou de crispation profondément
établie sur les organes de la digestion et
les parties qui les avoisinent, ne devrait-on
pas, avant de recourir à nos eaux comme
toniques, employer d'abord comme les seuls
antispasmodiques réellement indiqués, les relâchans, les calmans, les légers rafraîchissans sous forme de bouillons, de petit-lait,
de bains, de lavemens émolliens, etc. ; et

attendu qu'une irritation long-temps soutenue
sur les viscères abdominaux, décide communément des congestions vives et comme habituelles, qui se font principalement ressentir
dans la veine porte et ses dépendances (cause
la plus fréquente des maladies chroniques),
l'application des sangsues, lorsqu'elles sont
jugées utiles, de légers apéritifs amers sous
les formes appropriées aux circonstances, et
combinés au besoin avec les sels neutres les
plus doux, des laxatifs toujours proportionnés
à la faiblesse et à la sensibilité de la constitution ; ces moyens ne sont-ils pas les plus
propres à détruire ces accumulations que l'é-
tat nerveux a décidées, et ne doivent-ils pas
former l'ensemble des moyens préparatoires à
l'action des médicamens et des bains fortifians ? On l'a tant de fois dit, et on ne saurait
trop le répéter, lorsqu'il faut combattre à-la-
fois la faiblesse et une grande mobilité, lorsque les maux de nerfs tiennent à la sécheresse,
à la roideur, à l'irritation bilieuse, à une disposition comme phlogistique des organes bi-
liaires, lorsqu'ils sont le résultat d'une extrême
sensibilité de tout le système, comme il arrive
à la suite des purgatifs actifs trop fréquemm-
ment répétés, des fièvres intermittentes brus-
quement arrêtées par l'administration trop pré-

coce du quinquina, et sur-tout après un emportement de colère, une terreur excessive, ou les passions tristes de l'ame qui portent sur la région épigastrique, et y laissent un excès de sensibilité qui devient la source des plus grands désordres, les médicamens toniques, âcres, astringens, les eaux ferrugineuses, les eaux salines fortement stimulantes en boisson, ou sous forme de bain même, agissent comme de vrais irritans ; et ce n'est qu'après avoir combattu le spasme et ses suites, lorsqu'il forme le principe majeur de la maladie, par la méthode tempérante et doucement résolutive dont nous venons de parler, que l'homme de l'art prudent et éclairé passe graduellement des fortifians les plus doux aux moyens héroïques les plus propres à prévenir les rechutes, en donnant à tous les systèmes ce degré de force et cette stabilité d'énergie qui sont nécessaires à l'exercice ferme et régulier de toutes les fonctions.

Les nombreux revers que l'on éprouve si communément dans le traitement des maladies nerveuses, tient sans contredit à l'inobservation des préceptes que nous venons de rappeler, et à la fausse idée que l'on se fait généralement de ces sortes d'affections. « Les » maladies qui ne dépendent que de la trop

» grande *tension* ou du trop grand *relâchement*
» sont assez rares, observe Tissot ; dans la
» plupart il y a un vice dans les liquides,
» une matière maladive qu'il faut évacuer pour
» opérer le rétablissement. La plupart des ma-
» ladies chroniques nerveuses ont, ainsi que les
» maladies aiguës, leurs états de crudité, leur
» coction, leurs crises, leurs métastases, en
» un mot, leur marche régulière, mais plus
» lente, moins sensible, moins forte, plus ex-
» posée par là même à être troublée. L'idée
» de la coction ne doit pas se borner au chan-
» gement d'une matière tenace, visqueuse,
» dure, en une matière fluide, mobile, cou-
» lante ; ce mot a une acception bien plus gé-
» nérale ; sur-tout dans les maux de nerfs,
» dans lesquels on appelle *crudité la réunion*
» *de toutes les conditions qui s'opposent à la*
» *cessation de la cause* ; et comme ces condi-
» tions peuvent être la trop grande ténuité,
» la trop grande crudité des humeurs, autant
» que leur épaississement, la trop grande plé-
» nitude des vaisseaux, un foyer de putridité
» dans quelques parties, l'embarras de quel-
» ques vaisseaux, la sécheresse de la peau,
» qui met obstacle aux crises, etc., on voit que
» la coction suppose le changement de toutes
» ces conditions ; que la crise ne peut se faire

» que quand ce changement est opéré, et que
» par là même toutes les évacuations , ex-
» cepté la saignée , si elles sont nécessaires,
» ne peuvent s'employer, et les spécifiques se
» placer qu'après cette coction. »
« Dans un grand nombre de paralysies, ajoute
» notre auteur, les purgatifs, les sudorifiques,
» les vésicatoires sont nécessaires et guérissent
» entièrement ; mais si l'on précipite ces re-
» mèdes, si l'on purge avant d'avoir détruit
» la viscosité des fluides, si l'on purge trop
» vîte, si l'on donne des sudorifiques pendant
» qu'il reste des embarras dans les premières
» voies, ou des obstructions dans les viscères,
» avant que les vaisseaux soient assez désem-
» plis par la diète ou par la saignée, pendant
» que la peau est encore dure, sèche, sale,
» obstruée ; si l'on applique les vésicatoires dans
» les mêmes circonstances, on occasionne im-
» manquablement des maux affreux, on rend
» le mal incurable pour avoir voulu faire dans
» six semaines ce qu'il aurait fallu faire dans
» six mois ou dans un an. Dans les convulsions
» de l'épilepsie, si l'on veut appliquer la va-
» lériane, cet admirable remède qui paraît le
» vrai spécifique des faux mouvemens du cer-
» veau, avant que d'avoir désempli les vais-
» seaux, avant que d'avoir ôté toute tension

» dans les solides, avant que d'avoir débar-
» rassé les premières voies, avant que d'avoir
» rendu le sang doux et coulant, avant que
» d'avoir rendu toutes les sécrétions aisées,
» avant que d'avoir sur-tout bien établi l'in-
» sensible transpiration, elle fera plus de mal
» que de bien. *La même chose a lieu dans*
» *toutes les maladies spasmodiques, et qui-*
» *conque y voudra faire attention, verra cons-*
» *tamment qu'aussi long-temps que les mala-*
» *dies de nerfs restent dans un état de crudité,*
» *les meilleurs spécifiques peuvent faire les plus*
» *grands maux....* Si l'on fait attention, re-
» marque enfin Tissot, que, même dans les
» maladies aiguës, le plus grand obstacle aux
» évacuations sollicitées trop tôt, c'est le
» spasme, que les matières crues produisent
» par-tout, on jugera facilement combien dans
» les maladies nerveuses, où le spasme est si
» facile, il est plus important encore de ne
» pas négliger la coction. » (1)

____

(1) Traité des nerfs et de leurs maladies, t. 2. part. 2.e
p. 153 et suiv. « On comprend par ce que j'ai dit des cau-
» ses de la crudité, que quelquefois la coction se fait par
» les incrassans, quand il faut envelopper une matière âcre
» qui, par l'irritation qu'elle produit, jette tous les organes
» et tous les couloirs dans le spasme, et se ferme par là
» même toute issue; que d'autres fois elle se fait par les
» incisifs et les stimulans. » Tissot, *ibidem.*

On doit conclure de toutes les considérations de Tissot, sur la nécessité d'opérer la coction dans les maladies nerveuses chroniques, avant l'emploi des toniques ou des stimulans, que lorsqu'une humeur viciée devient une cause d'irritation, il faut la corriger ou lui donner une issue.

Bordeu, partisan des dogmes des méthodistes qui regardaient toutes les maladies comme le fruit des spasmes, du resserrement, du relâchement et de l'atonie des principaux organes de l'économie vivante, reconnaît néanmoins que bien des affections nerveuses trouvent leur solution dans des hémorragies, dans l'excrétion plus ou moins abondante d'une matière muqueuse par les voies alvines. Il convient, d'une autre part, que la révolution qui arrive à un organe, lorsqu'il passe de l'état d'irritation à celui de relâchement, suppose une vraie fonte, une vraie résolution, une *coction* qui se fait dans son tissu et qui se montre dans les évacuations, un effort particulier que fait cet organe pour se dégorger des humeurs qui irritaient et *grippaient* ses nerfs. Bordeu s'était donc aperçu qu'il existait des humeurs *grippantes* dont la coction et l'*expulsion* étaient nécessaires pour faire cesser les désordres de spasme ou d'irritation. Il avait

également signalé dans les liquides des levains
dartreux, psoriques, des sucs hétérogènes qui,
selon lui, sont le produit des cacochymies
particulières, et les sources trop ordinaires
des maladies chroniques nerveuses et de bien
d'autres affections. L'histoire des humeurs en-
trait donc pour quelque chose dans les opinions
de Bordeu sur la nature des maladies chroniques ; mais, avait-il assez insisté sur toute
l'importance du rôle qu'elles semblent y jouer
dans un grand nombre de circonstances ? et
n'y aurait-il jamais autre chose à faire qu'à
serrer ou *relâcher* pour guérir des maux nerveux ? La déplorable histoire des infirmités
nombreuses dont l'espèce humaine est affligée,
ne prouve que trop qu'il n'est pas d'affection
nerveuse, sous quelque dehors qu'elle se produise, depuis le spasme le plus léger jusqu'à
l'épouvantable convulsion épileptique, qui n'ait
souvent trouvé sa terminaison spontanée dans
l'apparition d'une éruption cutanée sous une
forme quelconque, ou dans la formation d'un
abcès quelquefois très-petit, ou enfin dans
l'écoulement d'une matière purulente par le
nez ou par les oreilles, comme le docteur
Whitt l'a constaté dans les trois malades dont
il rapporte l'intéressante histoire. Ce savant
observateur avait vu, d'un autre côté, tant de

désordres nerveux être occasionnés par la ré-
trocession de divers exanthêmes, qu'il croyait
qu'on était autorisé à conclure que la présence
d'une matière acrimonieuse circulant avec le
sang, devait être regardée comme une cause
occasionnelle ou procatarctique très-fréquente
des symptômes nerveux, hypocondriaques et
hystériques. (1) Aussi, pensait-il que l'on ne
doit accorder le nom de symptômes nerveux,
de maladies nerveuses proprement dits, qu'aux
maux qui, dans le seul cas d'une délicatesse
et d'une excessive sensibilité des nerfs, ou de
leur état contre nature, sont produits par des
causes qui, chez des sujets bien constitués et
en santé, n'auraient pas eu de semblables effets; et que dans tous les cas il est nécessaire

____

(1) *Whitt* affirme, d'après une grande quantité d'observations, qu'une matière goutteuse, vague, irrégulière, imparfaite, est le vice du sang qui affecte les nerfs beaucoup
plus fréquemment que tout autre vice ; et que c'est à cette
matière errante, qui se dépose sur des viscères qui ont une
très-grande sensibilité, ou qui sont capables d'affecter sympathiquement presque tout le corps, que l'on doit rapporter une foule de symptômes nerveux qui sont pour la
plupart aussi différens que les parties que cette matière
attaque, et d'autant plus insidieux qu'on est loin d'en
soupçonner la véritable origine chez des individus (sur-
tout chez les femmes) qui n'ont jamais eu d'accès de goutte
réguliers.

que le médecin dirige son attention vers la
recherche scrupuleusement faite des causes de
stimulation, dans le traitement des maux qui
s'annoncent sous des dehors nerveux.

Cheyne assure avoir observé que toutes les
personnes chez lesquelles les maladies nerveuses étaient violentes et opiniâtres, avaient
un ou plusieurs des grands et nécessaires organes ou glandes du bas-ventre obstrués, en-
durcis, squirreux ou corrompus, et que ces
vices se trouvaient même quelquefois réunis
chez le même sujet. Il prétend que toutes les
affections nerveuses habituellement graves ,
sont ou scrofuleuses ou scorbutiques ; ce sont
encore des maladies de la peau rentrées, ou
des humeurs de ce genre que la nature n'a pas
la force de porter au dehors, qui produisent
tous les symptômes des vaporeux.

L'hypocondriacie et la mélancolie, dit *Dumas*, appartiennent bien au système nerveux,
mais elles dépendent généralement d'une lésion
établie dans les viscères abdominaux, qui
exerce sur le système des nerfs l'influence en
vertu de laquelle les symptômes de la maladie
peuvent se former.

Selle est également persuadé que dans quelque état que se trouve le système nerveux,
il y a toujours une cause irritante qui concourt

à produire les maladies nerveuses, de manière qu'il n'y a pas une de ces maladies qui doive son origine à la seule disposition des nerfs ; il n'y a donc pas strictement parlant, ajoute *Selle*, des maladies nerveuses sans *matière*, quoique cette matière puisse quelquefois être si ténue qu'elle se dérobe à toute observation.

Les nerfs, s'écrie *Stoll*, sont quelque chose d'*amical* et point du tout *séditieux*, à moins qu'il n'y ait un auteur de leurs troubles, contre lequel il est nécessaire de faire les plus grandes recherches.

Si les gens de l'art étaient bien pénétrés de ces grandes vérités, se reduiraient-ils aussi souvent qu'ils le font à pratiquer la médecine du symptôme ? Que peut-on espérer en effet de ces riches et imposantes formules antispasmodiques que l'on prodigue journellement dans les maux nerveux, que de misérables secours palliatifs, qui stupéfient momentanément les nerfs et les rendent plus sensibles à la vraie cause d'excitation, en les affaiblissant chaque jour davantage ? (1)

____

(1) Faudra-t-il sans cesse reproduire des vérités qui deviennent triviales à force d'être répétées ? On a dit depuis long-temps que, de même qu'il y a autant de calmans et d'adoucissans qu'il y a de causes d'agitation et d'âcreté,

Ce n'est pas , soutiennent quelques solidistes modernes outrés , dans un vice des liquides qu'il faut chercher la cause des maladies chroniques , ni des désordres des phénomènes nerveux qui

---

de même aussi il y a autant d'antispasmodiques qu'il y a de causes de spasmes. Le flambeau de la médecine moderne , Stoll , bien pénétré de la vérité de ce principe , a posé pour règles , dont on ne devrait jamais s'écarter , que dans le traitement des affections nerveuses le médecin doit s'attacher de toutes ses forces à découvrir la cause irritante des nerfs , l'endroit où elle réside , et par quel moyen on peut l'emporter. Qu'attendu que le *stimulus* du système nerveux n'est pas toujours le même , quoiqu'il produise des affections les *mêmes* en *apparence* , les remèdes doivent varier à raison de la diversité des principes stimulans. C'est ainsi que cet habile praticien a constaté par des succès obtenus dans la curation des maladies convulsives dont il rapporte l'histoire , que la saignée dans les convulsions produites par la pléthore du sang, les dissolvans , les incisifs , les altérans , les émétiques et les purgatifs dans les symptômes vaporeux et les mouvemens épileptiques occasionnés par des matières saburrales , et l'embarras du système bilifère , et enfin les vésicatoires , lorsque ces différens désordres sont provoqués par un âcre séreux irritant les nerfs , sont les seuls , les vrais antispasmodiques capables de triompher de ces troubles effrayans. A peine , dit cet homme célèbre , existe-t-il un remède qui , *une fois ou autre* , n'ait été *nervin* pour nous.

Les anthelmintiques donnés à temps , si leur adminis-

caractérisent la plupart de ces maladies, il faut *remonter* à la cause principale de ces phéno-mènes. « Les altérations des fluides, disent-ils, sont toujours subordonnées à l'action vitale des solides ; c'est des lésions de cette action vitale organique que dépendent tous les phé-nomènes relatifs aux différens modes d'alté-ration qui se manifestent dans les fluides ,

---

tration) avait été possible, eussent été les nervins ou anti-spasmodiques indiqués dans un cas curieux qui s'est offert dans l'hospice civil de Bagnères. On m'appelle pour soi-gner un charron âgé de 25 ans, d'une haute stature, ayant la peau blanche, les cheveux blonds, les yeux bleus ; il était dans une roideur tétanique. Le spasme to-nique des mâchoires l'avait empêché de rien prendre de-puis 36 heures qu'il était dans cet état. *C'est là tout mon mal*, me disait le malade, en me montrant le creux de l'estomac, où l'on apercevait des pulsations spasmodiques qui soulevaient les couvertures et qui étaient entendues des assistans. Chaque pulsation occasionnait une secousse de tout le tronc et arrachait au malade un cri qui res-semblait à un aboiement. Cet homme était sans pouls lors de notre examen, et quelques momens après il expira. L'ouverture de son corps ne nous présenta d'autre cause de mort que la présence dans l'estomac de quatre vers lombricoïdes, dont les dimensions étaient extraordinaires. Un de ces vers était engagé dans l'ouverture pylorique du ventricule, et la tête d'un autre correspondait à l'orifice supérieur de ce viscère.

etc. etc. » (1) C'est ainsi que pour expliquer l'essence de l'affection scrofuleuse, certains auteurs de nos jours ne mettent en ligne de compte que l'atonie générale des solides, et principalement celle du système lymphatique ; et c'est sur ces considérations exclusives qu'ils prétendent baser leur méthode de traitement.

---

(1) Nous sommes bien loin de chercher à décider si c'est à un vice originaire des solides ou des fluides que l'on doit rapporter la nombreuse cohorte d'infirmités dont l'homme est assiégé depuis la naissance jusqu'à la mort. Nous n'avons pas plus d'envie d'endoctriner qui que ce soit que le professeur Richerand, dont nous nous contentons de rappeler les considérations physiologiques suivantes, qui ont quelque rapport à la question dont nous parlons ; elles serviront peut-être à inspirer des doutes à des gens qui paraissent n'en avoir jamais aucun. « Le corps humain, formé
» par un assemblage de liquides et de solides, contient des
» premiers environ les cinq sixièmes de son poids. Cette
» proportion des solides aux liquides vous paraîtra d'abord
» excessive ; mais réfléchissez à l'extrême diminution, au
» prodigieux amincissement d'un organe desséché. Le
» muscle grand fessier, par exemple, est réduit par la des-
» sication à l'épaisseur d'une feuille de papier. Les liquides
» qui forment le plus grand poids dans la masse du corps,
» *préexistent* aux solides ; car l'embryon, d'abord géla-
» tineux, peut être considéré comme un corps liquide ;
» d'ailleurs, c'est à l'aide d'un liquide, le chyle, que
» tous les organes se nourrissent et réparent incessamment
» leurs pertes. Les solides, nés des liquides, reprennent

Mais, en admettant que pour obtenir des succès dans la cure de cette maladie, l'on soit
obligé d'avoir le plus grand égard à cet état
des forces éminemment languissantes, qui caractérise la constitution scrofuleuse originelle,
et de remonter à la cause primitive de cette
langueur, peut-on contester que cette débilité primitive de tout le système, si remarquable chez les scrofuleux, ne soit la source
d'une altération réelle des fluides, laquelle
devient à son tour le germe d'une foule d'accidens morbifiques plus ou moins développés,
suivant l'énergie plus ou moins considérable
des-causes d'affaiblissement. Que cette dépravation des liquides soit ou non l'effet d'une
transmission ; qu'elle n'agisse, si l'on veut,
que comme cause secondaire, toujours est-il
constant que la nécessité de corriger direc-

» leur premier état, lorsqu'ayant fait assez long – temps
» partie de l'individu, ils sont décomposés par le mouve-
» ment nutritif. A n'en juger que par ce simple aperçu ,
» on voit que la liquidité est essentielle à la matière
» vivante , puisque le solide naît toujours d'un liquide, et
» retourne inévitablement à cet état primitif. La solidité
» n'est donc qu'un état passager, un véritable accident de
» la matière organisée et vivante. Beau sujet dont les par-
» tisans de la médecine humorale peuvent tirer des diffi-
» cultés fort embarrassantes pour les solidistes »

tement cette dépravation, et de donner un
écoulement aux humeurs surabondantes qui
en sont le sujet, sera toujours sentie par le
praticien exempt de l'esprit de système, et qui
ne suit en tout que la marche solide que lui
tracent l'expérience et l'observation. C'est ainsi
que se sont conduits le célèbre *Portal*, pendant sa longue et brillante carrière médicale,
et le médecin *Salmade*, son digne émule dans
la curation des scrofules et du rachitisme
scrofuleux. On voit dans les nombreuses et
intéressantes observations publiées par ces
deux praticiens, qu'ils ont avantageusement
combattu par les antiscorbutiques, les mer-
curiaux et les amers, l'inertie des solides qui
caractérise principalement ces deux affections
identiques ; mais, on remarque en même temps
que ces médecins ont pris en considération
la viciation des fluides comme formant une
des causes matérielles, et qu'ils ont pris à
tâche de détruire les effets de cette viciation,
soit en donnant à ces fluides une issue par des
purgatifs ou des égouts, soit en tempérant leur
acrimonie par des bains et par un régime légèrement adoucissant ; et nulle part on ne voit
que ces deux observateurs, même dans les
cures le plus facilement obtenues, aient osé
conseiller la suppression du cautère dont ils

avaient eu soin d'ordonner l'ouverture dès le début du traitement.

C'est avec raison sans doute que l'on s'écrie qu'il faut dénaturer les scrofuleux, et anéantir cette constitution originelle qui forme leur partage ; mais cette dénaturalisation, cette réforme constitutionnelle sont plus faciles à conseiller qu'à être mises en pratique, et dans les circonstances les plus graves, où l'on ne peut même pas souvent enlever le malade à l'influence des localités, on est très-heureux de parvenir à modifier la constitution scrofuleuse, de manière à s'opposer aux progrès ultérieurs de son développement ; et lorsqu'il ne nous est pas donné de refondre le vice originel des organes qui permet la formation constante de mauvais sucs, on doit fournir un passage à ces liqueurs mal-saines, quand on ne peut parvenir à les corriger entièrement, à la faveur d'une diète médicinale et des remèdes les plus appropriés. Ces cas très-communs se présentent sur-tout à l'époque de la puberté, lorsque la révolution qui s'opère alors dans tous les organes, et le surcroît d'énergie vitale que l'on y remarque par la prédominance du système sanguin sur le système lymphatique, ne peuvent amener une crise salutaire qui termine l'affection écrouelleuse, ni seuls ni par les se ѕours les mieux entendus d'un régime curatif et de tous les autres moyens thérapeutiques. (1)

Si les sectateurs passionnés de Thémison ne peuvent obtenir un triomphe complet dans l'explication qu'ils nous donnent du tempérament scrofuleux, que sera-ce lorsqu'ils entreprendront d'établir l'innocuité des fluides dans des circonstances où ils ne pourront invoquer ni cette habitude particulière du corps, ni cette constitution originelle marquée par un état de vie imparfaite qu'ils nous donnent comme l'unique source des symptômes de la maladie dont nous parlons. Voyez en effet cet

----

(1) On lit dans un excellent mémoire sur la nature et la curation des affections scrofuleuses, par M. *Capelle*, que les vésicatoires, les cautères peuvent convenir, moins pour chasser l'humeur morbifique, que pour entretenir une irritation ou excitation locale, qui peut se répéter sympathiquement sur toute l'économie, et produire de très-bons effets. De son côté, l'auteur de la nosographie chirurgicale se récrie contre la coutume trop générale d'appliquer un excitoire aux scrofuleux, et veut que l'on borne cette application aux cas où il s'agit de détourner une irritation formée sur un organe important; *l'affaiblissement* que produit et *qu'entretient* l'exutoire étant directement contraire au but que l'on se propose d'atteindre. Le lecteur conciliera, s'il le peut, les opinions opposées de ces deux estimables écrivains, au sujet des effets produits par les différens exutoires sur les forces toniques.

homme d'une constitution comme athlétique,
dont les facultés digestives paraissent sans vice,
et dont les nerfs fermes ne sont affectés d'aucune mobilité contre nature ; il est sobre et
tempérant, cependant des bourgeons nombreux
se groupent autour de son nez comme en-
flammé , la goutte-rose brille sur son visage
dans tout son éclat ; il est fréquemment tourmenté par des sciatiques et des douleurs de
colique les plus violentes. Des pustules pruri-
gineuses, des hémorroïdes turgescentes faciles
à s'enflammer, et même leur écoulement spontané plus ou moins fréquent, ne sauraient
offrir des crises suffisantes propres à ramener le calme et la santé. Une plhogose érysi-
pélateuse presque toujours accompagnée d'un
prurit intolérable , paraît enfin sur un de ses
membres abdominaux ; des vésicules s'y forment , il suinte de leur rupture un fluide
quelquefois extrêmement âcre qui favorise la
naissance d'une ou de plusieurs ulcérations.
La résistance que ces égouts offrent aux attaques de l'art , leur a fait donner le nom d'ulcères atoniques , et néanmoins tous les toniques du monde ne sauraient communément
les guérir d'une manière permanente et sans
danger pour l'individu cacochyme qui en est
atteint. Le malade a beau sentir un amende-

ment à ses infirmités habituelles depuis l'établissement de cet exutoire spontané. C'est en vain qu'il compte des aïeux qui furent sujets à une pareille affection ; il n'en provoque pas moins les miracles de l'Esculape qui le soigne et qui s'efforce souvent en vain de violenter la nature, en étouffant un mouvement dépuratoire conservateur dont il devrait seulement régulariser la marche, en tentant d'adoucir l'opiniâtre intensité des causes qui le rendirent nécessaire et qui le perpétuent. (1) Que le médecin et le malade qui tiennent une conduite aussi dangereuse, sont loin de la prudence philosophique de cet organiste qui, selon le rapport d'Olaüs - Borrichius, refusa d'essayer de dissiper une paralysie survenue sans cause apparente, parce que son père, qui en avait été atteint au même âge, avait inutilement employé toutes sortes de remèdes.

Enfin, tranchons le mot, il est des familles entières qui sont affectées d'une *cacochymie* vraiment héréditaire, sans qu'on puisse accuser ni la malpropreté, ni l'influence d'une nourriture farineuse et grossière, ni l'impression

____

(1) Si l'on parvient à tarir ces égouts, on doit au moins avoir le soin de les remplacer par d'autres fonticules moins incommodes.

sédative et débilitante d'un air froid et humide, dont l'action soutenue joue le rôle principal dans la génération des scrofules et des goîtres. Les croûtes et les ulcérations de la tête, le suintement séreux des oreilles, des yeux chassieux et fluxionnaires, la dégradation et la perte des dents, occasionnées par des fluxions fréquentes, et peut-être même par l'action de l'humeur salivaire dépravée ; tels sont les signes principaux qui signalent souvent parmi les enfans en bas âge le funeste héritage qu'ils ont malheureusement reçu de leurs pères (1). Néanmoins, les choses ne se

---

(1) Ce n'est pas, dira-t-on encore, dans la transmission d'une matière particulière, d'une humeur âcre, etc., mais dans celle d'une forme de corps, d'un tempérament, d'une constitution particulière, etc. , que consiste la propagation des maladies héréditaires ; mais qu'importe que cette propagation soit le résultat de la transmission d'une matière fluide dans un état de dépravation, ou d'une disposition organique telle, qu'elle fabrique continuellement des fluides qui deviennent la source journalière d'une infinité de maladies différentes par leur dehors et leur intensité ? Faudra-t-il négliger cette génération secondaire des fluides, parce qu'il est nécessaire de remonter à une constitution primitive des solides que l'on ne saurait réformer, pour se rendre raison de la production de ces fluides et de leurs qualités morbides ? Faut-il exclure la saignée du

passent pas toujours de même chez les sujets vicieusement constitués ; la diathèse morbifique qui doit faire le tourment de leur existence,

---

traitement d'une pneunomie phlogistique, parce qu'on ne peut expliquer sa formation qu'en remontant à l'application brusque du froid sur un corps pénétré de chaleur ? Doit-on renoncer à l'expulsion de l'eau qui suffoque un hydropique, par la raison que l'on ne peut se rendre compte de l'accumulation de ce fluide, qu'en remontant à la faiblesse générale des solides ? Si de simples effets nous présentent si souvent les élémens les plus dangereux, et qui nécessitent les premières attaques de l'art, lors même qu'il nous est possible de remonter à des agens morbifiques primitifs, que sera-ce lorsque ces premiers principes nous sont absolument inconnus, ou qu'ils sont hors de toute atteinte, comme le sont presque toujours le refroidissement, la vive suppression de la transpiration, et l'état nerveux dont parle Sarcone, qui précèdent l'inflammation grave d'un organe, produite par l'impression de l'air ou par un verre d'eau froide dans un corps extrêmement échauffé ? Convenons, d'un autre côté, que les causes premières des maladies nous sont presque toujours inconnues, et que nous sommes obligés de regarder journellement comme élémens morbifiques primordiaux, de purs effets de ces élémens, lesquels effets sont pour nous de vraies causes qui nous présentent continuellement des indications majeures les plus pressantes à remplir, et que l'on ne peut négliger sans compromettre le sort des individus qui livrent leur existence à nos soins et en quelque manière à notre responsabilité. Agir différemment, ne serait-ce pas imiter la conduite blâma-

me se montre ni dans l'enfance ni dans la jeunesse, sans doute parce que les produits en sont évacués par les sécrétions naturelles dans

---

ble de ce médecin de la Salpêtrière qui, pendant l'automne de 1798 (an 6 et 7), fit sous nos yeux une médecine expectante des plus meurtrières, en négligeant des évacuations indispensables, même de simples lavemens, dont le nom seul eût trop *senti* la médecine humorale, sous prétexte que, pour expliquer la formation de la fièvre dont s'accompagnaient les affections gastriques bilieuses qui régnaient exclusivement à cette époque parmi les malades de l'hospice dont il s'agit, il fallait nécessairement *remonter* à une irritation primitive des solides, comme cause première de la saburre et des mouvemens fébriles. Nous n'agiterons pas ici la question de savoir si la considération des causes prédisposantes, l'influence des qualités sensibles de l'atmosphère, et les résultats heureux des méthodes curatives, ne semblent pas nous prouver jusqu'à l'évidence que, pour expliquer la formation des congestions bilieuses et muqueuses, et l'origine de la fièvre qui les accompagne, il est bien plus raisonnable en général de remonter à une faiblesse primitive des premières voies et des organes circonvoisins qui produit ces congestions, et de descendre ensuite à une irritation secondaire qui donne naissance à l'éréthisme fébrile ; et si ces embarras gastriques et intestinaux une fois formés, la partie essentielle du traitement ne consiste pas à les détruire par tous les moyens possibles, sauf à s'occuper ensuite de l'état des forces toniques : mais nous nous contenterons de remarquer en passant, que l'on doit regarder comme un véritable fléau,

un âge où certains émonctoires ont plus d'action et de perméabilité ; mais lorsque le
corps a pris son entier développement, dans
l'âge de consistance, et notamment chez les individus affectés d'une grande susceptibilité
nerveuse, des douleurs de tête quelquefois périodiques , des oppressions de poitrine , des
palpitations de cœur, des feux subits au visage,
ou qui parcourent le corps, des douleurs vagues dans le dos et dans les membres, des
spasmes du bas-ventre se montrant sous différens aspects , et tant d'autres anomalies nerveuses les plus variées, tout annonce les mou-

---

tout médecin animé par la fureur de se rendre célèbre
dans la république médicale en devenant chef de secte
ou de parti, sur-tout lorsque ce *fanatique* se trouve chargé
de l'instruction publique et à la tête d'un grand hospice ,
où il fait tous les jours de nombreuses victimes, en fron-
dant des opinions et une pratique les plus généralement
reçues, et qui reposent sur l'observation éclairée par l'expérience de tous les siècles. Certes, l'humanité qui souffre
serait bien moins à plaindre si tous les médecins, abandon-
nant l'esprit de système et de rivalité qui les agite et les
divise si souvent, savaient *remonter* à un bon sens et à
une bonne foi primitifs. Les heureuses inspirations de ces
deux qualités essentielles seraient journellement couronnées
par de nombreux succès, utile et brillant résultat d'une
philosophie vraiment digne de tous les suffrages.

vemens d'une nature inquiète, incertaine, qui
n'a pas encore trouvé d'émonctoire commode
par où elle puisse évacuer convenablement et
sans trouble, des produits vicieux qui s'en-
gendrent dans le corps ; tout indique le besoin
d'une sécrétion nouvelle et le danger d'en différer l'établissement artificiel. Malheur au *cacochyme*, si le médecin qu'il appelle à son secours pour combattre les divers maux qu'il
éprouve, ne sait ni reconnaître leur cause,
ni remonter à leur véritable origine ! Les potions sédatives et stimulantes qu'il passe toutes
en revue, ne produisant pas l'effet qu'il se
croyait en droit d'en attendre ; le manque
d'appétit, le dégoût, la surcharge de la langue, résultats ordinaires de l'état de langueur
des forces digestives et des faux mouvemens
nerveux dont l'estomac est le principal théâtre,
feront bientôt accuser la saburre des premières
voies d'être l'auteur de tous les désordres que
l'on s'efforce en vain de faire disparaître, et
l'infortuné *patient* sera mis à l'épreuve des
émétiques et des purgatifs. Toutefois, la persévérance et l'exaspération des symptômes n'ont
pas découragé l'homme de l'art qui n'a pas
encore mis à contribution toutes ses ressources ;
les substances vermifuges sont enfin mises en
jeu contre de prétendus vers irritant le conduit

alimentaire, mais qui n'existent réellement que dans l'imagination de celui qui pense leur livrer des attaques. Cependant les troubles nerveux s'aggravent par cette médecine de tâtonnement et d'ignorance, et le médecin confus et déconcerté, pour avoir inutilement épuisé les secours ordinaires de la pharmacie, fait partir enfin pour les eaux minérales sa victime dont la présence l'importune et l'accuse. C'est ainsi que des maux que l'on eût guéris ou rendus supportables à l'aide de quelques boissons calmantes et dépuratives, d'une nourriture médicamenteuse, adoucissante et modérément tonique; des bains tièdes d'une température agréable, qui calment merveilleusement les désordres nerveux, et sollicitent avantageusement l'action du vaste émonctoire cutané, par les soins d'une propreté constante, et enfin par l'écoulement soutenu d'un exutoire; c'est ainsi que ces maux s'augmentent et s'enracinent par des irritations et des manœuvres mal-entendues, dont l'effet principal est d'augmenter la faiblesse des organes et de porter la mobilité nerveuse à un tel point, que les vaporeux et les hypocondriaques des deux sexes, qui ont subi le traitement *morbifique* dont nous parlons, et qui viennent faire usage de nos eaux, présentent souvent à notre examen le découragement, le désespoir, en un mot, des détraquemens nerveux qu'accompagnent des désordres moraux et des états voisins de la démence.

Les détails dans lesquels nous venons d'entrer prouvent bien évidemment,

1.º Que de même que l'on distingue des leucorrhées et des hémorroïdes accidentelles et constitutionnelles, de même l'on doit reconnaître des ulcérations, les unes provenant de divers accidens ou causes extérieures, et les autres comme étant le résultat rigoureux d'une constitution originelle ou primitive; et qu'il est une foule de circonstances de maladies où il est tout aussi nécessaire d'ouvrir des émonctoires, qu'il l'est dans tant de cas d'affections plus ou moins graves de provoquer ou d'effectuer des fluxions hémorroïdales, lorsque la nature médicatrice se livre à des efforts impuissans pour établir ces sortes de fluxions.

2.º Que dans la recherche des maux nerveux chroniques, que nous voulons traiter au moyen de nos eaux, nous devons avoir égard non-seulement aux vices de *serrement* et de *laxité*, mais encore aux vices primitifs ou secondaires des liquides, et que c'est souvent dans la considération et l'histoire des affections de famille que nous trouvons les traces des dépravations humorales , et la vraie cause d'irritation qui produit des phénomènes si nombreux et si dissemblables, lesquels peuvent induire facilement en erreur et porter à l'emploi d'une médication des plus mal entendues, quand on néglige de constater avec une exactitude scrupuleuse la nature et la vraie cause de tous ces phénomènes.

3.º Que c'est dans le résultat de cet examen que nous devons trouver des données et des motifs qui nous déterminent sur le choix des sources de vertus et d'activité différentes qui se trouvent à Bagnères, ainsi que sur les moyens thérapeutiques qui peuvent disposer à leur action, la modifier ou la seconder.

4.º Que si nos eaux minérales en général sont en quelque sorte spécifiques, et peuvent être employées au début dans les maux de nerfs où prédominent le *relâchement* et des embarras entretenus par la faiblesse des viscères et la viscosité des fluides (- *Dans ces occurrences nos eaux sont un des meilleurs moyens d'opérer la coction.*), il n'en est pas de même lorsque l'état spasmodique, les engorgemens et les obstructions qui le précèdent ou qui le suivent, reconnaissent pour cause l'abus des spiritueux, des chagrins profonds, la suppression de certaines évacuations, une

grande irritation produite par un principe morbifique quelconque, etc. Que c'est en vain
que l'on attendrait du succès de leurs vertus
apéritives, purgatives, stimulantes et toniques
dans les circonstances dont nous parlons, si,
avant de soumettre les malades à l'action de
certaines fontaines, on n'a pris à tâche de ramener le calme dans les parties, dont l'effort
spasmodique s'oppose à l'évacuation des matières qui y sont contenues, ou y fixe des
mouvemens fluxionnaires ; de corriger les qualités irritantes des humeurs, ou de les disposer
à l'évacuation par différens émonctoires ; en
un mot, si l'on n'a pas opéré la *coction* qui
doit précéder la crise ou l'évacuation que l'art
sollicite, et assurer non-seulement l'innocuité,
mais encore l'efficacité de nos fontaines, comme
remède fortement résolutif et éminemment fortifiant. (1)

---

(1) Les cas où les engorgemens des viscères abdominaux sont dûs à un état prédominant de spasme et d'irritation, sont les plus rares ; la faiblesse en est ordinairement
la cause, ou du moins y joue le rôle principal Nous avons
déjà observé que les circonstances où ces deux élémens
des affections nerveuses coexistent avec une influence à
peu près égale, sont les plus communes, et que nos eaux
du *Salut* sont en quelque sorte spécifiques contre la com-

Nous suivons autant qu'il est en nous dans le traitement des maladies nerveuses près de nos sources minérales, la marche analytique et régulière dont nous venons de démontrer les avantages et l'indispensable nécessité. (1)

---

binaison de ces deux principes morbifiques. Dans les cas, au contraire, où l'irritation franche de manière à former un élément majeur et prépondérant, on doit disposer les malades à l'action de nos eaux par les moyens que nous avons indiqués ; ou bien encore, une cure qui serait commencée par les eaux de Saint-Sauveur, par exemple, serait heureusement terminée par les eaux de Bagnères.

(1) Ce serait un grand avantage pour le traitement méthodique des maux de nerfs, que nous pussions réaliser à Bagnères une partie de ce que la calomnie se plaît à répandre, et offrir au public une plus grande quantité de bains onctueux au toucher, ou des bains d'eau pure et simple, et seulement échauffée par la nature, sans aucun principe stimulant. En effet, les bains tièdes adoucissans qui ramollissent la peau, loin de la crisper, en relâchant sympathiquement les parties trop tendues, et en invitant la nature à distribuer uniformément la chaleur et les forces toniques sur chacun des points de la masse du corps, rempliraient bien souvent la plus pressante indication dans la curation des maux nerveux ; et à l'époque de la grande foule d'étrangers, nous ne pouvons suppléer à Bagnères à ce qui nous manque quant à la qualité, que par l'emploi de bains tièdes, dont on diminue chaque jour et le degré de chaleur

Mais il n'est pas toujours en notre pouvoir d'employer complètement cette méthode curative ; la plupart des malades refusent de s'y soumettre, les uns faute du temps nécessaire, les autres faute de moyens, ou parce qu'ils ont été fatigués par une énorme quantité de remèdes pris à contre temps avant de se rendre auprès de nous. Ils sont venus, disent-ils, pour faire usage des eaux, et ce sont des eaux qu'il faut leur prescrire. Les inconvéniens qui résultent de leur usage précoce, ou fondé sur le caprice, ne sont que trop nombreux ; mais rien n'égale cette somme incalculable de maux qui frappent tous les ans de malheureux étrangers qui, négligeant les conseils des médecins instruits sur les lieux à l'école des succès et des revers, se baignent et se gorgent d'eaux sur la foi d'un praticien éloigné, qui détermine et pré-

---

et la durée, et en passant ainsi graduellement à des bains plus tempérés et même frais au besoin. Or, les bains minéraux de Bagnères, des sources les plus actives, aussi frais que le malade peut les supporter, sont les premiers des toniques dans les maux de nerfs. (Quand ces maux sont le produit de la faiblesse prédominante du système des solides, ou lorsque la maladie ayant changé de nature par le secours des tempérans, etc. , le relâchement et l'atonie ont succédé à l'état d'éréthisme et d'irritation.)

cise l'usage des sources dont il ignore le degré
de chaleur, les vertus et la manière d'agir.

Une femme atteinte d'un rhumatisme univer-
sel, se rend à Bagnères l'été dernier, avec ordre
de prendre des bains qui n'ont que 24 degrés,
et de boire les eaux du Foulon. L'état infirme
de la malade s'étant aggravé par l'effet d'un
seul bain frais, on la presse de consulter un
médecin de l'endroit ; je n'en ai pas besoin,
a-t-elle répondu;... si je ne me trouve pas
bien des bains que je prends, j'en *essayerai*
d'autres.

Un autre femme prend de son propre mouvement des bains chauds et des douches à
Théas, pour un rhumatisme qui occupe toute
l'étendue du membre gauche inférieur ; elle
s'expose à l'air froid en venant de se doucher ;
la transpiration excessivement augmentée, se
supprime, et elle part le lendemain de Bagnères percluse de tous ses membres.

Rien n'est plus commun qu'une conduite
analogue parmi les étrangers qui fréquentent
nos sources ; et s'ils ne retirent aucun succès
de leur usage, ou s'ils aggravent leurs infirmités, ils se retirent en répandant que les
eaux de Bagnères ne leur ont fait aucun bien,
et qu'elles leur ont été plutôt nuisibles que
salutaires. La méchanceté s'empare avec avi-

dité de ces clameurs , pour accomplir de per-
fides desseins , et la *race moutonnière* si nombreuse les imite , et devient leur dupe après
avoir servi d'instrument. C'est ainsi que l'on
impute injustement au remède des accidens et
des résultats plus ou moins fâcheux , qui ne
proviennent uniquement que de la manière
vicieuse d'en diriger l'emploi.

Les désordres que nous venons de signaler
sont une des causes principales du discrédit
de nos sources, dont la multiplicité favorise ces
désordres. Ici , l'on peut facilement se baigner sans que l'on soit dans la nécessité de
recourir à un inspecteur , sous la direction
duquel on est forcé de se mettre par-tout
ailleurs pour avoir le bain le plus convenable, ou l'heure la plus commode. Une police
médicale bien entendue ne devrait-elle pas
défendre aux baigneurs de prêter leur minis-
tère à des étrangers qui ne seraient pas munis
de l'ordonnance d'un médecin qui pratique
sur les lieux ? Cette défense tournerait sur-
tout à l'avantage des malades de la classe du
peuple , plus exposés que les autres à recevoir
de mauvais conseils de la part de leurs chirurgiens barbiers , ou qui n'en prennent très-
souvent que de leur caprice , de leurs con-

chambristes , des fermiers ou des propriétaires des établissemens thermaux , qui cherchent à tout prix à se donner des chalands :
ces derniers trouvent encore le moyen de faire
des dupes parmi des étrangers d'un rang plus
élevé, qui seraient trop heureux s'ils n'obte-
naient que des résultats indifférens pour prix
d'une confiance aveugle , et de leurs folles
complaisances. Comment cette anarchie médicale (Je fais des vœux pour qu'on s'empresse
de faire disparaître des abus aussi funestes
à l'humanité.) ne serait-elle pas la source des
plus grands maux, puisque les malades les plus
dociles , et qui tiennent une conduite absolument contraire à celle dont nous parlons, ne
tirent pas toujours de l'usage de nos eaux ,
sous la conduite des médecins les plus sages
et les plus expérimentés, les guérisons ou les
soulagemens qu'ils avaient raisonnablement lieu
d'en attendre.

Il ne suffit pas, en effet, pour obtenir des
succès de connaître les propriétés générales et
particulières des sources dont on conseille
l'emploi ; la connaissance exacte de l'état actuel
d'une maladie chronique plus ou moins invétérée, ne suffit pas non plus toujours pour la
combattre avec avantage. Il faudrait pour que
le médecin pût être réellement utile, que les

malades qui viennent le consulter, fussent porteurs d'un mémoire qui contint l'histoire fidèle de leurs maladies, les détails du traitement auquel ils ont été soumis, et l'aveu sincère du bien ou du mal qui est résulté d'une semblable médication. Ces données que les personnages même les plus distingués ne nous fournissent presque jamais, serviraient à nous fixer sur la nature des maladies, et à nous déterminer sur le choix des sources les plus propres à les guérir ou à les calmer. Ainsi, nous serions instruits des cas où les moyens préparatoires à l'usage des eaux minérales ont été omis ou pratiqués ; nous saurions dans quelles circonstances il faut suppléer à cette omission, seconder l'effet de nos eaux par des remèdes pharmaceutiques, et les cas au contraire où il convient d'en modérer la force et l'activité.

On peut enfin établir comme une vérité qui découle des considérations précédentes, *qu'il est de toute nécessité que les étrangers qui viennent à Bagnères pour y éprouver les propriétés de ses eaux, se placent sous la surveillance d'un praticien attentif, qui soit à portée d'en étudier les effets.* — Les vices de la sensibilité, des particularités de tempérament

exigent bien souvent des modifications dans
l'emploi des fontaines minérales sous quelque
forme qu'elles soient administrées. L'expérience prouve en effet que la même quantité
d'eau prise en boisson contre des maladies de
la même nature, purge les uns, constipe ou
fait vomir les autres ; et quelquefois, nous
avons vu chez des femmes très-sensibles l'existence de deux ou de trois de ces phénomènes
tenir à la boisson d'un verre d'eau de plus
ou de moins. Il importe donc beaucoup à l'intérêt des malades que les médecins éloignés
jugent à propos de nous envoyer, que ces
derniers soient bien persuadés qu'ils ne sauraient prévoir des accidens plus ou moins
contraires qui se présentent journellement ,
et qu'ils peuvent encore moins en indiquer
les remèdes : ils n'oublieront pas sur-tout cet
important précepte consigné dans un des écrits
les plus intéressans du docteur Alibert (*Nouv.
élémens de thérap.*), « Il est une multitude
» d'affections morbifiques qui pourraient être
» efficacement combattues par les eaux miné-
» rales aussitôt après le développement des
» premiers symptômes ; et c'est perdre tout
» le fruit qu'on pourrait retirer de leur usage,
» que de ne les employer que lorsque les
» malades ont été épuisés par les autres re-

» mèdes, ou lorsque la maladie est profon-
» dément invétérée. »

Les obstacles que nous venons de décrire
ne sont pas les seuls que les médecins aient
à surmonter à Bagnères pour y faire le bien.
Les individus souffrans qui ont recours à nos
sources, ne sont pas assez persuadés que,
quelque puissans que soient les secours que
l'on peut retirer de leur emploi le mieux entendu, leurs effets salutaires doivent toujours
être appuyés par un régime de vie convenable et rigoureusement observé. Rien ne con-
trarie autant la curation des maladies chroniques que la profusion et la variété des alimens que l'on voit régner sur la table du
riche indocile et mal accoutumé. Il trouve-
rait sans doute son avantage à faire inscrire
en gros caractères au-dessus de la porte de
sa salle à manger, pour l'avoir sans cesse présent à ses yeux, ce vieux adage que l'on ne
saurait trop répéter : *Il est une foule de maladies qui se guérissent par le régime seul ; mais
il n'en est aucune qui puisse se guérir sans
régime.*

On ne peut disconvenir qu'un genre de vie
sage et réglé ne soit nécessaire à la conservation de la santé ; et l'on ne reconnaîtrait

pas le besoin de s'y soumettre dans le traitement d'une maladie toujours plus ou moins
réfractaire ? Le médecin consulté sera donc le
régulateur de la manière de vivre des malades qui se livrent à ses soins. Il sera bien
convaincu qu'un praticien éclairé doit voir
dans les alimens, avec la faculté nutritive, une
faculté médicamenteuse ; qu'il existe des diètes
curatives dont le but est de seconder les
moyens médicinaux, de coopérer à la guérison des affections pathologiques ; qu'enfin,
s'il est des maladies qui exigent durant l'usage
des eaux le calme et le repos, il en est
d'autres au contraire qui sont puissamment
combattues par le mouvement et l'exercice modéré des passions. Et dans quel autre site thermal les puissantes ressources de l'hygiène peuvent-elles seconder avec autant d'avantage qu'à
Bagnères, les efforts et les vues de l'homme
de l'art contre les maladies chroniques, sur-
tout nerveuses, dont il entreprendra la curation ?

Si donc un air vif et pur, sans cesse mis
en mouvement par une innombrable quantité
de sources limpides, l'observation facile d'un
régime végétal ; la boisson d'une eau fraiche
et pure, la fréquentation d'une société choisie
qu'anime la gaieté ; l'usage de tout ce qui peut

inspirer le contentement, des affections vives, des sensations et des passe-temps agréables ; si le spectacle d'une nature pleine de vigueur, et retraçant même pendant l'automne, à l'étranger qui la contemple, la ravissante image d'un nouveau printemps ; si la recherche et la jouissance des sites enchanteurs, variés et romantiques, les plus propres à procurer au malheureux hypocondriaque une heureuse diversion à ses alarmes, et une douce fatigue qui lui procure les bienfaits d'un sommeil tranquille et réparateur ; si ces puissans auxiliaires sont presque toujours plus utiles dans le traitement des maladies nerveuses, qu'une vaine profusion des moyens pris de la pharmacie, quel autre pays peut le disputer à Bagnères pour la variété, la richesse et la facile possession de tant de bienfaits ? Et dans quels établissemens thermaux pourra-t-on se flatter de traiter les maux nerveux avec autant de succès que dans nos délicieuses contrées ?

Interrogez, lorsqu'ils sont rentrés dans leurs foyers, cette femme originairement vaporeuse et ce sombre mélancolique qui ont fréquenté nos sources durant les ardeurs d'un été brûlant ; ils vous diront : pendant tout le séjour que nous avons fait à Bagnères, nous avons joui d'un excellent appétit ; nous n'éprouvâmes jamais un seul instant d'ennui ; nos infirmités habituelles se sont absolument cal- mées ;... nous soupirons après le moment d'un nouveau retour...

Toutefois, nous ne devons pas nous le dis- simuler, les grandes ressources dont nous ve- nons de tracer le tableau ne sauraient suf- fire sans doute lorsqu'il s'agit de combattre des maladies nerveuses qui doivent leur ori- gine à la tristesse, à des chagrins cuisans... Et de quel effet peuvent être des secours purement physiques, dans les momens d'une affliction vive et profonde ? C'est dans ces circonstances difficiles que le médecin com- patissant a besoin de mettre adroitement en jeu les ressorts qu'une profonde connaissance du cœur humain doit lui avoir appris à ma- nier : c'est sur-tout dans l'emploi des secours moraux que brillent sa philosophie, son sa- voir et ses vertus sociales (1).

---

(1) A quoi sert la philosophie, disait Galien, s'il ne faut que des drogues pour réussir auprès des malades ?

Cette judicieuse observation du fameux médecin de Pergame, nous fait voir combien il importe qu'un ministre de santé prudent, joigne sur-tout à la connaissance du phy- sique des malades celle de leur constitution morale, dont l'influence réciproque doit entrer pour beaucoup dans les vues que l'art peut lui fournir.

Quel bien en effet ne produira pas le médecin ami de l'humanité (Aimer les hommes c'est aimer l'art lui-même.)(1), en cherchant à éloigner des objets fantastiques, à calmer des frayeurs sans cesse renaissantes, et à faire disparaître cette série de maux et de dangers qui n'existent souvent que dans l'imagination déréglée du morose hypocondriaque, mais qui n'en sont pas moins l'effet trop fréquent du détraquement physique d'un ou de plusieurs organes essentiels à la vie. C'est principalement dans les divers cas dont nous parlons que brillent, par les plus heureux résultats, les soins affectueux et les propos consolans de l'amitié.

Au reste, les succès avantageux que ces moyens employés avec adresse manquent rarement de produire, ne sauraient jamais être le fruit de l'indifférence, ni celui des misérables conflits de la basse jalousie, de l'amour-propre et de l'insatiable cupidité.

Une médecine routinière purement *aquatique*, qui n'est précédée d'aucune préparation, ni soutenue par les moyens curatifs ap-

____

(1) *Ubi adfuerit amor ergà homines, adest etiam amor circà artem.* Hipp.

propriés, est encore une des causes qui empêchent de retirer de nos sources minérales
tout le bien qu'elles pourraient produire.
Peut-on, par exemple, exiger de nos bains
du Foulon tous les honneurs d'une cure
parfaite dans les dartres ou autres éruptions
cutanées, qui reconnaissent pour cause l'engorgement plus ou moins grave de quelque
viscère de l'abdomen, l'état saburral des premières voies, le tempérament bilieux, la suppression d'hémorragies, de flueurs blanches,
le vice scrofuleux, scorbutique, le virus
syphilitique, etc. ; et toutes les fois que ces
fâcheux exanthèmes sont le produit d'une cause
interne ou de quelqu'une des diathèses morbifiques dont nous venons de parler, n'est-
ce pas d'abord à faire précéder les moyens
intérieurs les plus propres à combattre ces différentes causes, que le médecin devra donner
sa première et principale attention ?

Bordeu, ce judicieux praticien, que l'on
ne devrait jamais se lasser de lire et de méditer, Bordeu, bien persuadé qu'il ne peut y
avoir de méthode générale pour la guérison
des dartres, avait senti la nécessité d'appro-
prier les procédés curatifs aux diverses causes
plus ou moins opiniâtres qui fomentent ces
éruptions chroniques ; il s'attachait sur-tout

à faire concourir l'emploi des moyens diététiques les mieux entendus pour soutenir l'action des eaux minérales dans le traitement
des maladies cutanées. C'est ainsi qu'il pres-
crivait souvent le lait, les antiscorbutiques
pour toute nourriture ; et pour combattre le
vice scrofuleux, il combinait souvent avec
les eaux de Barèges, le quinquina, les antiscorbutiques, les martiaux, etc.

Comment se peut-il que de nos jours où
la médecine a suivi les progrès des autres
sciences naturelles, on imite si peu de semblables exemples, et que certains praticiens
traitent aussi légèrement les malades qui se
rendent près de nos sources thermales, et
qui réclament leurs secours. (1)

---

(1) « Tout examen devient inutile aux eaux : par un
» don merveilleux, ces intendans, ne formant pas à beau-
» coup près la portion la plus éclairée des médecins du
« royaume, ont pourvu à tout, sans s'embarrasser à dé-
» mêler la confusion des symptômes des maladies chro-
» niques qui exigent souvent des secours si prompts et si
» variés (On doit naturellement les supposer à la portée des
» observateurs qui en ont suivi la marche). La vaste
» science qui préside à la distribution des eaux, a décidé
» qu'elles convenaient sans distinction à tous les âges, à
» tous les sexes, à toutes les constitutions. C'est le soulier de

Au reste, les dartres sont bien souvent, ainsi que les maux de nerfs, le résultat des affections morales les plus tristes. Bordeu paraît persuadé que l'opiniâtreté de cette maladie si sujette à récidiver, est quelquefois fomentée par la tristesse où elle jette le

---

» Théramène *bon à tous pieds*. On n'écarte que les agoni-
» sans de ces piscines miraculeuses. Les secours qu'offrent
» la chirurgie et la pharmacie, les bains de vapeurs, etc. ;
» ne sont plus d'usage ; le régime même, souvent le plus
» grand remède à nos infirmités, est compté pour rien
» dans ces lieux de rendez-vous et de plaisirs. Enfin, l'art
» est devenu si simple, qu'il est renfermé dans l'usage de
» quatre ou cinq verres d'eau. La *simplicité* de cette pra-
» tique abrège l'étude et les recherches. » *Voyage aux*
Pyrénées françaises, 1789.

L'étude et les recherches qu'exige l'examen des maladies chroniques ne sont-ils pas hors de la portée de la plupart de ceux qui s'avisent de les traiter? « Il faut savoir bien
» des choses pour s'informer de ce qu'on ne sait pas encore.
» Le savant est instruit et demande, mais l'ignorant ne sait
» pas ce qu'il doit demander. » *Zimmermann.*

Au reste, Bagnères possède de grands médecins qui,
depuis plusieurs années, exercent leur profession de la
manière la plus distinguée ; mais ils ne voient pas tous les
étrangers qui s'y rendent : les guérisseurs subalternes en
accaparent le plus grand nombre, et le dirigent avec un
empirisme des plus dangereux.

malade qui en est affligé. Ce n'est donc pas dans les ressources illusoires d'une polyphar-macie active que l'on cherchera les vrais moyens curatifs dans les cas dont nous parlons, mais bien dans les secours moraux, dans un régime simple et médicamenteux, (Combien de dartres invétérées et réfractaires à bien des remèdes, ont été guéries par l'usage long-temps soutenu du régime végétal ?) dans les exercices du corps variés, les plus propres à entretenir la transpiration et à seconder l'effet des bains qui portent les mouvemens à la peau ; enfin, dans la jouissance des sensations les plus opposées à la cause de la maladie : or, nous avons déjà constaté combien sont puissantes et supérieures les ressources que nous offrent Bagnères et ses environs, dans le traitement des maladies fomentées par des affections morales tristes et par l'affaiblissement ou le relâchement de la constitution physique.

Nous ne devons pas oublier une considération plus importante peut-être qu'aucune de celles qui sont consignées dans les articles précédens.

Le silence des bons médecins qui pratiquent depuis plusieurs années près de nos sources

minérales, ne doit-il pas être regardé comme
la cause principale du succès des malveillans
qui cherchent à les discréditer ? Quel moyen
plus puissant pour repousser les attaques sans
cesse renaissantes de l'intrigue et de la cupidité, que l'exacte publication des cures plus
ou moins éclatantes qui s'opèrent à Bagnères
tous les ans ? Le public si facile à tromper,
ne trouverait-il pas son intérêt à entendre
l'histoire de ces *rhumatiques* et de ces *paralytiques* qui laissent tous les ans dans plusieurs
de nos établissemens thermaux, leurs béquilles
et leurs potences, comme autant de monumens
érigés à la gloire de nos sources ?

.C'est par l'exposé fidèle et plein de candeur
des cures opérées et des maux aggravés par les
eaux minérales de l'*Aquitaine* ; que Bordeu
nous a fait connaître leurs vertus, et qu'il a
mis de justes bornes aux éloges outrés que la
renommée avait publiés avant lui. Il est bien
étonnant que depuis plus de soixante ans que
cet incomparable inspecteur des eaux thermales a consigné de si précieuses observations
dans ses différens écrits, aucun de ses succes-
seurs n'ait tenté de marcher sur ses traces ;
et que les praticiens de tous les âges ne
trouvent encore sur cette importante matière
d'autres instructions fondamentales que celles

que ce profond observateur nous a transmises,
et qui ne sont néanmoins, ainsi qu'il s'exprime
lui-même, *qu'une sorte d'essai qui exige des
détails ultérieurs.*

Article Deuxième.

Du Rhumatisme.

*Nécessité de la méthode analytique dans la
curation de cette maladie. Importance
du régime alimentaire. Précautions indispensables à prendre durant l'usage
des eaux thermales, et sur-tout pendant le traitement du rhumatisme.*

Le rhumatisme occupe le premier rang
parmi les affections chroniques qui deviennent
tous les ans à Bagnères le sujet d'une médecine
aquatique et banale des plus pernicieuses dans
ses résultats. Loin de procéder attentivement
à l'examen des principes morbides qui entrent
si souvent dans la composition de cette cruelle
maladie, l'on trouve plus commode de consi-
dérer les douleurs rhumatismales comme pro-

venant d'une cause toujours la même, et de soumettre cette cause aux épreuves de la même méthode de traitement.

Ce *nosographe* prétendu philosophe qui considère tous les rhumatismes comme n'étant qu'une *phlogose*, sera-t-il réputé plus sage que ces guérisseurs insensés qui livrent journellement, et sans aucune distinction, de malheureux rhumatiques à l'action de douches et de bains presque brûlans ? Si le rhumatisme chronique était toujours inflammatoire, il n'est aucun pays où l'on ne pût déployer contre lui tout l'appareil des moyens antiphlogistiques, et l'on n'aurait aucun besoin de recourir à grands frais aux eaux thermales pour en opérer la guérison.

Cullen qui plaçait le rhumatisme chronique au rang des phlegmasies, comme étant toujours la suite du rhumatisme aigu ou simple, pensait néanmoins que le véritable rhumatisme chronique différait tellement par sa nature du rhumatisme aigu, et qu'il exigeait un traitement si différent, qu'on devait non-seulement le distinguer par le nom particulier d'*arthrodynie*, mais que l'on pouvait même le regarder comme un genre différent dont il donne les caractères (*Elém. de méd. prat. n. de Bosquillon*, p. 304.). Il est sans doute

plus conforme aux résultats de l'observation
et des méthodes curatives, de distinguer différentes espèces de rhumatismes, et de reconnaître avec les meilleurs praticiens, que
le symptômatique est le plus commun parmi
ces espèces.

Selle qui ne regardait le froid que comme
la cause occasionnelle la plus ordinaire du
rhumatisme, a très-bien apprécié toute l'influence de la mauvaise disposition des entrailles
dans la production de cette maladie. « La
» cause prédisposante du rhumatisme, dit
» Selle, paraît être une gêne dans la circu-
» lation des humeurs dans les viscères du bas-
» ventre : au moins les personnes qui ont
» beaucoup d'acrimonie rhumatismale dans le
» corps sont sujettes aux incommodités hé-
» morroïdales. (*C'est une observation qu'Hip-*
» *pocrate a déjà faite, comme on peut le voir*
» *dans ses prédict. L. 2. S. 47.*) Selon toutes
» les apparences, cette difficulté du cours du
» sang dans les viscères du bas-ventre, fait que
» les humeurs lymphatiques acquièrent une
» acrimonie particulière ; de sorte que la
» matière de la transpiration qui devait s'é-
« chapper par la peau, venant à être rete-
» nue, s'arrête aux parties tendineuses et li-

» gamenteuses, et y occasionné les douleurs
» rhumatismales. »

On n'ignore que trop en effet que les douleurs rhumatismales des membres et des articulations, et sur-tout la sciatique et le lum-
bago, sont très-souvent le produit de la suppression des flueurs blanches, et plus communément encore de celle des règles et des
hémorroïdes, ou du défaut d'écoulement des
tubercules hémorroïdaux, dans un état actuel de vive turgescence. C'est dans ce dernier cas que l'on voit si souvent la solution
de ces deux maladies se faire par un écoulement salutaire des tumeurs hémorroïdales, qui
les termine spontanément, ou que l'art venant
au secours de la nature, dissipe les congestions
sanguines dont il s'agit, en produisant des
hémorragies artificielles, au moyen de sangsues
appliquées aux marges de l'anus, ou bien encore, d'après le conseil de quelques praticiens
célèbres, au moyen de forts purgatifs qui,
stimulant le rectum, en font un centre d'irritation et excitent de cette manière un flux
hémorroïdal ou dyssentérique qui termine la
maladie. (1) De quelle utilité serait l'usage

---

(1) On sent avec quelle circonspection on doit employer
des moyens aussi actifs.

exclusif des douches ou des bains thermaux contre des rhumatismes qui tireraient leur origine des causes que nous venons de signaler ? Leur emploi sera-t-il plus efficace dans le rhumatisme que l'on appelle chaud ou inflammatoire, sur-tout quand il se réunit à la goutte, avec laquelle il a d'ailleurs de si grandes affinités ?

Il résulte au surplus de l'expérience de tous les temps, qu'il est une foule de rhumatismes, même chroniques, qui tirent leur source d'un vice du système gastrique. (1) *Stoll* est parmi les modernes celui qui, par des observations les plus nombreuses, a le mieux constaté cette importante vérité. Quel est le praticien qui

------

(1) J'ai soigné deux fois un de mes oncles, chez lequel, pendant l'été de 1802 et le commencement de l'automne de 1804, l'embarras des premières voies et du foie s'est prononcé pendant plusieurs semaines, par la diminution de de l'appétit, un peu de pâtosité dans la bouche, et les plus fortes douleurs dans toute l'étendue des membres thoraciques, avec un gonflement très-douloureux des deux poignets, sans aucun mouvement fébrile. La solution d'une once de tartrate acidule de potasse et d'un grain de tartrate de potasse antimonié, a toujours suffi pour procurer une grande quantité de selles bilieuses et faire disparaître tous les phénomènes morbides.

ne soit à même de s'assurer tous les jours que la réunion d'un épaississement lymphatique et synovial, avec un état de gastricité muqueuse, constitue spécialement la cause la plus ordinaire du rhumatisme chronique ? C'est aussi dans cette circonstance que brillent les évacuans, sur-tout émétiques, à raison de la grande relation qui existe entre le système articulaire et le système gastrique ; c'est par ces motifs que l'on voit quelquefois des douleurs de sciatique les plus atroces disparaître comme par enchantement par le seul effet d'un émétique antimonial, un des meilleurs atténuans, et le moyen le plus propre à rétablir les courans de l'humeur de la transpiration, en rouvrant les tuyaux excrétoires de la surface. Les stimulans amers et salins, combinés avec les diaphorétiques, et les fondans ou excitans pris sous différentes formes et dans les différens règnes (La douce-amère, le savon, la résine de gaïac, les diverses préparations mercurielles et antimoniales, etc.), sont les moyens les plus propres à concourir à la destruction de la cause matérielle du rhumatisme chronique dont nous parlons.

Mais, quelle médecine ignorante et meurtrière ne font pas parmi nous ceux qui prétendent remplacer ces derniers secours, et

croient remplir toutes les indications en livrant
à l'action échauffante et sudorifique de nos
sources les plus chaudes, des rhumatiques dont
la maladie reconnaît pour cause principale
des embarras gastriques et intestinaux qu'il
importe tant d'écarter, ainsi que bien d'autres
complications qui contre-indiquent si formel-
lement l'usage extérieur exclusif et précipité
de ces sources.

L'examen attentif des viscères abdominaux
devient encore nécessaire lorsque les douleurs
rhumatismales peuvent être rapportées à l'action d'une cause extérieure : l'air froid et
humide qui supprime la transpiration dans un
corps échauffé par une cause quelconque,
porte souvent également son impression, et
sur les membres et sur les entrailles, où il
suscite quelquefois différens désordres, et
même des troubles dyssentériques, que Stoll
a désignés sous le nom de *rhumatisme* des
intestins.

D'une autre part, un individu qui est mis
pendant un temps plus ou moins long dans
l'impuissance de se mouvoir par des douleurs
rhumatismales aiguës, ne doit-il pas éprouver
les principaux résultats de l'inaction et d'un
mal-aise continuel ? Des matières saburrales
surchargeant les premières voies, de plus en

plus affaiblies, des crudités de toute espèce, des embarras hépatiques, des accumulations sanguines hémorroïdales, qui seules, ainsi que nous l'avons déjà dit, peuvent produire le rhumatisme des lombes et des hanches ; tous ces accidens ou partie d'entre eux, viendront bientôt compliquer et renforcer l'affection rhumatismale, et deviendront des causes secondaires de la maladie dont il n'étaient d'abord que les simples effets.

Mais ces causes secondaires n'exigeront-elles pas les premières attaques de l'art, et la plus sérieuse attention du médecin qui voudra combattre, avec quelque succès, les causes matérielles de l'affection idiopathique primitive.

La nécessité de baser les méthodes curatives sur de semblables considérations dans des cas analogues à ceux que nous venons de décrire, avait frappé Bordeu qui avait si bien reconnu cette succession de causes et d'effets devenus à leur tour de nouvelles causes, et l'influence respective de ces deux agens dans la génération et l'entretien des maladies chroniques. C'étaient ces grandes vérités bien senties qui lui avaient fait proclamer le précepte suivant : « Il est très-important de se » rappeler que les maladies idiopathiques ont » quelque chose de sympathique, et qu'il n'y

» en a presque aucune qui ne porte le trouble
» dans les fonctions de l'estomac ; que de son
» côté, le travail de l'estomac influe singuliè-
» rement sur toutes les parties et par consé-
» quent sur celle qui est devenue le siège
» d'une affection. ».

C'étaient, sans doute, les revers éprouvés
dans l'emploi des eaux minérales chaudes
contre les maladies dont il est question, avant
d'avoir débarrassé les premières voies, qui
avaient fait établir à Bagnères la règle em-
piriquement observée de purger indifférem-
ment tous les étrangers qui fréquentaient nos
sources. Castelbert fait de cette pratique une
loi rigoureuse, et soutient que s'il est des cas
qui défendent la saignée, il n'en est *aucun*
où une légère purgation ne puisse trouver sa
place. « On ne pourrait, dit-il, assez débar-
» rasser les premières voies pour l'usage des
» eaux, qui agissent toujours mieux quand
» elles trouvent moins de matières, moins de
» masse, moins de volume. Les sécrétions et
» les excrétions reprennent plus aisément leur
» direction. »

Descaunets, moins absolu, plus instruit par
l'expérience, prétend « qu'on doit se préparer
» à l'usage des eaux, tantôt par une saignée,
» tantôt par un purgatif, et que cette règle

» qui n'est pas toujours générale, doit être
» prescrite par le médecin. » Aucun de ces
écrivains n'indique d'une manière précise les
circonstances où la purgation est nécessaire,
et ne saurait être omise sans de graves inconvéniens : mais ce qu'il y a de remarquable,
c'est que l'un et l'autre s'accordent à prescrire
la purgation après la boisson des eaux ; Descaunets sans en donner aucune raison, et Castelbert pour éviter des diarrhées et même des
dyssenteries, qui ne manqueraient pas d'arriver, selon lui, lorsque cette précaution est
omise, quelque temps après qu'on a fait de
ces eaux la boisson même la plus modérée. (1)

---

(1) Leroi veut aussi qu'en commençant de prendre
les eaux, le malade jette dans le premier verre un léger
cathartique, par exemple, trois onces de manne ou environ ; il en doit faire autant le dernier jour de la boisson,
à l'égard du dernier verre, sur-tout si les eaux n'ont pas
bien passé par les voies alvines ou par les voies urinaires.
Cette règle aussi générale que celle de Castelbert, n'est
pas mieux assise. Son application serait cependant mieux
entendue dans le dernier cas dont parle Leroi, comme
moyen de précaution, quoique l'on voie tous les jours des
étrangers boire modérément de nos eaux, et rétablir très-
bien leurs facultés digestives, sans que ces eaux sollicitent
les selles ou augmentent bien sensiblement les déjections

(190)

Quand cesserons-nous de trouver presque par-tout des exagérations et des excès ? et ne sera-t-on jamais assez convaincu que la médecine est la science de l'*occasion* et de l'à-*propos* ? Aujourd'hui que la méthode des purgations est passée, nous ne voyons pas arriver ces diarrhées et ces dyssenteries dont nous menace Castetbert, quand on les néglige à la fin de la boisson. Nous voyons également tous les jours nos eaux produire les meilleurs effets sans être précédées de moyens purgatifs ; la raison en est que nos eaux sont elles-mêmes suffisamment purgatives dans la plupart des circonstances, et que nous pouvons au besoin augmenter cette propriété qui leur est particulière, par l'addition d'une légère dose d'un sel neutre ou de quelqu'autre substance qui le remplace ou qui en augmente l'activité.

---

urinaires : il faut dans tous les cas consulter le besoin, et prendre, comme on dit, conseil sur *l'arène*. Malgré que je me plaigne moi-même de ce qu'on n'évacue pas du tout dans certaines maladies que l'on traite par les eaux, avant et même pendant le cours de leur traitement quand il est nécessaire, je ne prétends pas pour cela qu'il faille rétablir l'usage aveugle et routinier de la purgation, qui profite ordinairement bien plus au pharmacien qui la débite qu'au malade qui la prend.

Nous le répétons, l'habitude des évacuations autrefois établie, avait pour fondement la nécessité de prévenir des catastrophes. La raison de cette pratique se trouve dans le peu d'usage que l'on faisait anciennement des bains doux ou tempérés, et dans le danger que l'on avait sans doute trouvé dans la prescription et l'usage simultané des douches et des bains sudorifiques dans le traitement des rhumatismes et des paralysées (maladies presque les seules traitées anciennement à Bagnères, au moyen de ses eaux), avant d'avoir détruit les embarras gastriques et intestinaux de ceux qui en étaient atteints. Or, nous avons déjà démontré combien ces précautions étaient nécessaires dans le plus grand nombre de ces sortes d'affections.

Aujourd'hui l'on est tombé dans un excès contraire à celui que l'on pourrait reprocher à nos modernes prédécesseurs, on n'évacue jamais ou presque jamais, pas même dans les maladies où ce remède était autrefois mis en usage avec un heureux succès. A la vérité, l'on guérit tous les jours à Bagnères, sans recourir à ce moyen, le rhumatisme froid, qui reconnaît pour causes les plus ordinaires un épaississement lymphatique particulier, le froid habituel appliqué sur certaines parties, l'habitude ou l'accident de coucher dans un lieu froid et humide, sur un matelas mouillé, sur la terre, comme il arrive dans les camps, etc. etc. (1) On voit également disparaître quelquefois, par le seul effet de nos eaux, en douches et en bains, le rhumatisme avec infiltration, et l'œdémateux, plus long et plus opiniâtre. (2) Mais il est très-certain aussi que ces rhumatismes, et sur-tout le dernier (qui, mal traité, se termine souvent par l'impotence, la paralysie, l'hydropisie dans les membres), ne sont jamais attaqués avec un résultat aussi prompt et aussi complet que lorsque l'action des douches et des bains est soutenue par la boisson dans les fontaines les plus propres à entretenir la liberté du ventre, à stimuler le système urinaire et à concourir

---

(1) Dans le rhumatisme froid il n'y a point de rougeur dans la partie douloureuse ; il s'accompagne de froid, de pesanteur, de douleur gravative, de la difficulté de mouvoir le membre malade, avec un tiraillement sourd, comme si l'on portait un poids énorme ; les douleurs augmentent sur-tout par le froid, et diminuent par la chaleur. (Ce qui n'arrive pas dans le rhumatisme chaud.)

(2) La pâleur, la pesanteur et une certaine mollesse que l'on sent dans la partie, quoiqu'il y ait douleur, forment les principaux caractères du rhumatisme œdémateux.

à la destruction des engorgemens articulaires, en secondant l'action résolutive des médicamens externes.

Il est, au reste, souvent très-dangereux d'exciter une fièvre locale au moyen des douches, pour dissiper l'obstruction ou tumeur rhumatismale occasionnée par des humeurs stagnantes dans une articulation, avant d'avoir mis ces humeurs en état d'être dissipées, évacuées, élaborées et converties en sucs nourriciers par les moyens les plus appropriés ; car si les sucs qui forment ces congestions sont trop épais, et non susceptibles d'élaboration et d'évacuation, il est à craindre que les remèdes chauds ne fassent dégénérer les obstructions en squirres ou tophus.

Mais lorsque les tumeurs dont il s'agit sont susceptibles de résolution, on ne perdra jamais de vue qu'en excitant la fièvre dans les lieux où elles résident, il est encore à redouter de porter les sucs qui les forment dans le sang ou dans d'autres parties où ils peuvent causer de grands ravages ; qu'il est par conséquent de la plus haute importance d'entraîner doucement ces sucs pendant l'action des douches par les voies alvines ou urinaires, lorsque la nature n'affecte pas vers le système dermoïde une tendance que le médecin vigilant puisse favoriser. (1)

Tous les rhumatismes sont loin d'exiger l'appareil des moyens actifs dont nous venons de parler ; il en est qui paraissent entretenus par un principe spécifique dont la nature particulière échappe à nos recherches ; dans ces cas, la matière rhumatisante essentiellement mobile cause des douleurs passagères dans les différentes parties du corps : cette espèce se rencontre le plus souvent chez les sujets irritables et dont les nerfs sont plus ou moins délicats ; l'irritation, la douleur et la faiblesse semblent en constituer les seuls élémens que le médecin soit en état de reconnaître, et qu'il puisse attaquer avec avantage, en appréciant les différens degrés de leur influence respective. Les secours médicamenteux vraiment indiqués dans cette dernière circonstance, sont le petit-lait, les dépurans amers sous forme de bouillons ou de sucs, et sur-tout

---

(1) Ce n'est qu'avec beaucoup de précaution qu'il faut employer des remèdes propres à exciter des fièvres locales dans les sujets vaporeux, parce qu'ils en sont d'autant plus offensés que leur système nerveux est susceptible d'une plus grande irritabilité.

les bains onctueux légèrement chargés de par-
ticules salines ; ces bains à une douce température, apaisent les troubles nerveux par la
détente qu'ils opèrent, facilitent l'action musculaire, et concourent à la destruction de l'irritant morbifique, au moyen de l'absorption
qui en est le résultat, et de l'augmentation
de la transpiration insensible qu'ils produisent
en titillant doucement l'organe cutané : ces
moyens doivent être soutenus par des exercices variés et proportionnés aux forces, par
un régime adoucissant et légèrement tonique,
par une grande propreté constamment observée, et enfin, quand ils ne sont pas suffi-
sans, par l'établissement d'un exutoire.

Nous voyons souvent à Bagnères le rhumatisme qui nous occupe se terminer au moyen
de nos bains les plus doux, par l'éruption
d'une quantité plus ou moins grande de boutons quelquefois prurigineux. J'ai vu dans un
homme âgé de trente-six ans une sciatique
qui le tourmentait depuis trois mois, trouver
sa solution dans la sortie qu'avait opérée quelques douches modérées prises à Lagutière,
de plusieurs petits boutons rouges, séreux à
leur pointe, dont le nombre était évidemment
plus considérable dans les lieux correspondans
au trajet du nerf sciatique qui avaient été le

plus exposés à l'action du bain local. Cette sciatique avait-elle quelque rapport avec la sciatique nerveuse de *Cotunnius*, dont il signale la cause dans la lymphe, qui, s'accumulant entre les nerfs et leurs gaînes, irrite ces nerfs, soit par son acrimonie, soit en les comprimant, et produit ainsi dans la substance nerveuse des douleurs plus ou moins vives, dont il trouvait souvent le remède dans l'application successive des vésicatoires sur le trajet du nerf particulièrement affecté ? (1)

On doit préférer les bains du Foulon et du Salut quand le rhumatisme doit sa naissance à un principe psorique ou dartreux : des remèdes, pris des végétaux et des minéraux les plus opposés à ces deux vices, précéderont et appuyeront avec succès les vertus curatives de ces deux fontaines ; les eaux de Labassère en boisson, plus actives que celles du Salut, rempliront parfaitement bien cette dernière indication. Les sources salines actives dissiperont au besoin, vers la

---

(1) Le lecteur n'ignore pas qu'il existe des rhumatismes scorbutiques et vénériens, et que les remèdes doivent toujours être appropriés à la nature de la cause qui produit ces affections morbifiques.

fin du traitement, les restes de la maladie, qui sont presque toujours le produit de la faiblesse qui caractérise particulièrement le dernier temps de tous les rhumatismes qui traînent en longueur.

Cette faiblesse si digne d'attention, qui forme un des principaux élémens du rhumatisme, sur-tout froid et œdémateux, avait fait penser à Cullen, que la cause prochaine du vrai rhumatisme consiste dans l'atonie des vaisseaux sanguins et des fibres musculaires de la partie souffrante, jointe à un certain degré de contraction et de rigidité de ces fibres ; et d'après cette idée de la cause prochaine, l'indication curative générale devant être de rétablir la vigueur et l'activité du principe vital dans les parties, Cullen propose contre cette maladie divers excitans et toniques, tant internes qu'externes, dont l'usage est confirmé par l'expérience comme remèdes particulièrement convenables, et les plus évidemment propres à remplir l'indication curative.

Or, dans l'hypothèse de Cullen, digne des plus grands égards dans la considération des causes, et sur-tout dans le traitement du rhumatisme chronique succédant au rhumatisme aigu, qui laisse les parties ci-devant affectées, et notamment les vaisseaux des articulations et des tégumens des jointures, dans un état de torpeur et d'atonie, qui les rend si sensibles au froid auquel ces parties sont plus particulièrement exposées (1); dans cette hypothèse de Cullen, les eaux salines de Bagnères seraient comme spécifiques dans la plupart des affections rhumatismales, par la propriété merveilleuse qu'elles possèdent de mettre en jeu la sensibilité des organes, et de provoquer leur ton et leur motilité.

Il suit de tout ce qui précède que le rhumatisme est rarement une maladie simple et purement idiopathique, et que, pour la traiter avec avantage, il faut s'attacher à reconnaître et à combattre les divers élémens qui la cons-

---

(1) A raison du peu de tissu cellulaire qui les protège. Voilà pourquoi l'action du froid y détermine si souvent le rhumatisme dans les tendons des muscles et les expansions aponévrotiques qui les recouvrent, ces organes étant extrêmement voisins de la surface extérieure des tégumens. L'expérience a fait connaître que l'usage de la flanelle était le meilleur moyen de dissiper les restes du rhumatisme aigu, et de l'empêcher de devenir chronique. L'application de la laine a le double avantage d'entretenir l'insensible transpiration d'une manière convenable, en excitant doucement les propriétés vitales du derme, et de défendre en même temps cet organe de l'action de l'air froid.

tituent, ainsi que les différentes complications qui peuvent en contrarier le traitement.

Il suit encore que, si la cure de l'affection rhumatismale peut s'opérer très-fréquemment par la seule administration méthodique des eaux minérales salines, il est des cas au contraire où l'usage de ces eaux a besoin d'être soutenu, souvent même précédé par l'emploi de différentes substances médicamenteuses les plus appropriées ; qu'il est d'autres circonstances où ces derniers moyens formeront la base de la médication, et trouveront dans les propriétés de ces eaux un puissant auxiliaire et l'instrument le plus assuré du traitement confirmatoire. On peut en dire autant de la paralysie qui a des rapports si étroits avec le rhumatisme, et qui reconnaît si souvent des causes identiques qui ne paraissent différer que par leur degré d'intensité ; c'est pourquoi l'on voit si souvent un rhumatisme prolongé se terminer par la paralysie du membre qui en était le siège. (1)

____

(1) Théas, dit *Castetbert*, a produit des effets surprenans dans les rhumatismes et les paralysies, et principalement dans ces dernières, lorsqu'elles sont accompagnées de *relâchement*, ou qu'elles viennent à la suite d'un coup de sang ou apoplexie ; il serait bien téméraire, d'après

Malgré que les moyens artistement combinés dont nous venons de démontrer la nécessité, soient si rarement employés parmi nous contre les deux maladies dont nous parlons, il n'en est pas moins vrai qu'il s'opère chaque année des cures étonnantes à Bagnères, et que nous voyons s'y renouveler tous les jours les miracles de la *piscine probatoire*....

Le moyen d'augmenter le nombre de ces

---

cette observation de *Castelbert*, de confier le sort de tous les paralytiques, à la suite d'une attaque d'apoplexie, à l'action vive et stimulante des bains chauds de Théas ou de toute autre fontaine analogue. On sait que les paralysies qui succèdent aux congestions sanguines cérébrales, sont ordinairement entretenues par un état apoplectique chronique et permanent. Il y aurait donc tout à craindre dans ces circonstances défavorables de la part des bains chauds (les sulfureux sont ordinairement meurtriers), qui pourraient augmenter les congestions encéphaliques, et décider une attaque mortelle. Lors donc que le médecin jugera dans sa sagesse qu'il est à propos d'essayer d'un semblable remède contre les paralysies dont il s'agit, il s'assurera surtout s'il n'est pas convenable de remédier par l'évacuation d'une suffisante quantité de sang, à la pléthore du cerveau, que l'on peut raisonnablement supposer, ou de prévenir par ce moyen l'accumulation ultérieure des humeurs à la tête, que les bains pourraient occasionner dans des sujets qui s'y trouvent déjà disposés.

miracles n'est pas de dire à tous les malades indistinctement , buvez *ici* , baignez-vous et douchez-vous *là*. Cependant c'est la médecine des guérisseurs ordinaires qui , au seul nom de douleur , croient toujours voir la même maladie ; et l'on peut dire d'eux ce que Stoll a dit à l'occasion de la fièvre putride : ils pensent connaître la chose , tandis qu'ils ne savent qu'un vain mot. *Rem se tenere non verò solum vocabulum arbitrantur.*

Mais , puisque des docteurs envoient par processions au même établissement thermal quiconque se dit atteint d'une douleur réputée rhumatismale , sans distinction d'âge , de sexe , ni de sensibilité physique , etc. , etc. (1) , devons-nous être surpris qu'une médication prise toute entière des eaux , et aussi facile à faire , soit journellement imitée par des baigneurs et par les malades eux-mêmes , qui se trouvent néanmoins souvent étonnés de se voir confondus près des mêmes sources ,

---

(1) On a souvent surpris un ancien inspecteur des eaux de Bagnères débitant à tout venant des ordonnances écrites d'avance , à-peu-près comme on voit un marchand épicier débiter un jour de marché des cornets de poivre qu'il a eu soin de préparer la veille.

munis des mêmes ordonnances pour des maladies quelquefois les mêmes en apparence, mais
très-souvent réellement de nature différente ?
Mais, qu'est-il besoin en effet dans cette apparente uniformité de causes morbifiques, et la
séduisante simplicité des moyens curatifs, de
consulter un médecin qui daigne à peine vous
écouter, et qui ne vous donne guère que
le temps de lui payer une consultation dont
il paraît si aisé de pouvoir se passer ?

Le peuple, aussi lestement dirigé, se croit
médecin lui-même, et devient en effet le
sien et celui d'un grand nombre de personnes
de sa classe qui se plaisent à l'écouter ; de
là ce déluge de maux sur lesquels on a tous
les jours à gémir. Nous voyons en effet certains établissemens d'eaux minérales encombrés
jusqu'aux greniers de malades qui s'y logent
à vil prix, exposés à tous les vents, et qui
se pressent autour des sources les plus chaudes, pour en user sous toutes les formes et
à tous les instans du jour et de la nuit, après
comme avant le repas. C'est dans ce dernier
cas que ces malheureux imprudens contrac-
tent des fièvres gastriques qui les obligent à
passer dans leur lit un temps plus long que
celui qu'ils avaient dessein de consacrer à la
curation de leurs infirmités. C'est en se met-

tant au bain après les repas qu'ils éprouvent dans leurs digestions des désordres annoncés par des maux d'estomac, des nausées, des vomissemens, et souvent enfin des apoplexies ou des défaillances qui, faute de secours, se terminent toujours par la mort. C'est de cette dernière manière qu'a péri misérablement, dans les bains de Cazaux, le 9 octobre 1812, un homme âgé d'environ quarante ans : l'autopsie cadavérique présenta son estomac farci d'alimens qui paraissaient n'avoir pas encore éprouvé le plus léger degré d'élaboration.

Le plus sûr moyen de prévenir des événemens aussi tragiques, ne serait-il pas de mettre en vigueur des réglemens prohibitifs dont nous avons eu déjà l'occasion de provoquer l'établissement ? Si cette masse populaire livrée, pour ainsi parler, à elle-même, ou dirigée par le premier empirique ou le premier homme intéressé qu'elle trouve sur ses pas, était obligée de s'adresser à un médecin, qui devrait toujours être assez complaisant pour écouter séparément les individus qui le consultent, et leur répéter dix fois, au besoin, ce qu'ils ont tant d'intérêt à éviter ou à pratiquer ; ce médecin, entr'autres conseils salutaires, ne manquerait pas sur-tout de leur donner celui de ne se baigner de quelque manière que ce soit, que quatre heures au moins après un repas frugal composé d'alimens de facile digestion, et en rapport avec leur maladie (1); il aurait encore l'occasion de leur recommander de ne pas s'exposer à l'impression de l'air froid en sortant du bain, et de se tenir convenablement chauds pendant tout le cours de leur traitement.

Rien n'importe autant en effet, pour assurer le succès des remèdes, que de se mettre en garde contre le désir que l'on éprouve de prendre des habillemens légers, lorsqu'on s'en laisse imposer par quelques heures d'une chaleur assez forte vers le milieu du jour, sans faire attention qu'il n'est rien de plus dangereux pendant l'usage des bains, sur-tout

---

(1) Bagnères n'est que trop souvent un lieu de *rendez-vous*, où les personnes aisées de toutes les classes se proposent pendant l'usage des eaux, des plaisirs dont la bonne chère fait la base; ils seraient trop heureux si l'incommodité pour laquelle ils sont venus n'était pas augmentée par leurs débauches... Cependant la cure du rhumatisme, l'une des maladies qui règnent le plus communément parmi les étrangers, exige presque toujours un régime exact, égal et suivi; et si on ne guérit pas plus souvent, c'est, comme le remarque un de nos bons observateurs, que les malades trop *gourmands*, et le médecin trop *complaisant*, laissent empirer le mal, et le rendent incurable.

chauds, que de s'exposer sans défense à un air vif et frais, à Bagnères, le soir et le matin, même pendant les plus beaux jours de la saison des eaux, ainsi qu'aux injures des variations brusques de l'atmosphère qui ont fréquemment lieu dans les montagnes.

Les étrangers qui viennent chercher le bonheur avec la santé dans nos contrées, feront donc prudemment de s'habiller pendant leur séjour avec des habits d'hiver, dont ils doivent avoir le plus grand soin de se munir. Cette précaution est principalement nécessaire pour ceux qui se rendent à Bagnères au commencement du mois de mai, temps où commence la saison des eaux, ou qui n'y viennent que sur la fin de cette saison, qui se termine ordinairement vers le quinze novembre. C'est à ces époques sur-tout que l'on voit si souvent l'irritation et l'éréthisme causés par l'air atmosphérique, produire des accidens plus graves que ceux qui ont précédé, chez les malades qui négligent de couvrir suffisamment les parties qu'ils viennent d'exposer aux vapeurs chaudes et humides au moyen des douches et des bains thermaux.

CONCLUSION GÉNÉRALE

ET RÉCAPITULATION.

On peut établir comme autant de vérités fondamentales qui découlent naturellement des principes et des faits pratiques que nous avons exposés jusqu'à présent :

1.º Que les eaux minérales de Bagnères diffèrent non-seulement par le degré de leur chaleur, mais encore par la qualité de leurs principes et par leur quantité. La réunion dans un même lieu de toutes ces eaux médicinales de nature et d'activité différentes, est un bienfait peut-être sans exemple, et d'autant plus précieux qu'il offre pour résultats, non-seulement la faculté de traiter par des remèdes appropriés des maladies qui varient par leur essence, mais encore la facilité de modifier l'emploi de moyens curatifs analogues, contre des affections identiques,

lorsque ces modifications sont commandées
par des circonstances d'âge , de sexe , de
constitution , et par tant d'autres dispositions
particulières où se trouvent très-souvent les
personnes atteintes de ces sortes d'affections.

2.º Que les sources thermales de Bagnères
possèdent en général au degré le plus avantageux, toutes les propriétés qui sont le partage de la classe d'eaux minérales salines à
laquelle elles appartiennent : en effet, elles
sont plus diurétiques qu'aucune de celles qui
les avoisinent ; elles sont purgatives et fortifient puissamment l'estomac et les intestins ,
en les débarrassant des mucosités qui peuvent
s'y être accumulées ; elles réveillent l'énergie
des facultés digestives , et raniment l'action
organique des solides , de manière à faciliter
l'exercice de toutes les fonctions. Ces eaux
combattent avec avantage les asthmes humides
qui ont leur source principale dans l'embarras
et l'atonie des premières voies , ou l'épan-
chement d'un fluide séreux occasionné par le
relâchement des lobes pulmonaires. Elles font
disparaître avec une promptitude merveilleuse les obstructions des viscères, et principalement les ictères opiniâtres qui reconnaissent pour cause les engorgemens bilieux

et muqueux du système hépatique. Elles produisent d'excellens effets dans les affections rénales qui doivent leur naissance à des graviers ou à des mucosités visqueuses formant des embarras dans les racines des urétères ou dans les bassinets des reins. Nos eaux salines sont encore très-propres à provoquer le flux menstruel, quand la rétention ou la suppression de ce flux sont produites par l'asthénie générale des solides ; mais elles ne le sont pas moins pour modérer l'écoulement des menstrues trop abondant, lorsque cet état d'affection est le résultat de l'engorgement des viscères abdominaux, et de l'embarras du tube alimentaire.

On voit tous les jours nos eaux remédier à la suppression du flux hémorroïdal, et arrêter pareillement ce flux trop copieux, dans les cas où la faiblesse et l'embarras de l'organe bilifère et de ses dépendances en est la cause. Elles rétablissent la transpiration diminuée chez tant de personnes par le relâchement contre nature du tissu dermoïde. Elles guérissent les pâles couleurs et les pertes blanches qui sont dues à une disposition atonique de la constitution, et à l'inertie particulière de l'*uterus*. Elles guérissent aussi certaines hydropisies causées ou entretenues

par l'adynamie des vaisseaux absorbans. Elles
sont antispasmodiques dans les troubles nerveux engendrés par la débilité du système.
(Les eaux du Salut détruisent les mouvemens
désordonnés des nerfs, qui sont le fruit commun de l'irritation et de la faiblesse.)

Enfin, ces eaux, par l'éminente propriété
dont elles jouissent de rouvrir les couloirs
cutanés, et sur-tout de réveiller la sensibilité
des organes, et de solliciter la contractilité
musculaire, présentent un des remèdes les
plus énergiques contre les refroidissemens,
les engourdissemens, les paralysies et les rhumatismes chroniques.

3.º Qu'en général l'on peut aujourd'hui
traiter à Bagnères les ulcères et les blessures
de toute espèce, les maladies de la peau,
de même que bien d'autres qui cèdent à
l'action combinée des eaux sulfureuses, avec
autant de succès qu'on les traite dans les lieux
consacrés exclusivement par la routine à la
cure de ces sortes d'affections ; qu'on le peut
même, avec un avantage exclusif, dans les
circonstances si communes où l'éruption herpétique tient, soit à l'engorgement du foie
ou d'autres viscères abdominaux, soit à l'embarras des premières voies, et à la langueur

des forces digestives ou à l'inertie de l'enveloppe cutanée : que dans tous les cas on peut ici mettre en usage un traitement anti-dartreux, d'une manière bien moins dispendieuse que par-tout ailleurs, sur-tout losqu'un régime végétal et l'emploi des remèdes anti-scorbutiques doivent précéder ou seconder les effets curatifs des eaux sulfureuses ou salines (1).

4.° Que dans aucun lieu fréquenté pour l'usage des eaux minérales, on ne peut procéder avec autant d'avantage qu'à Bagnères à un traitement méthodique et complet des maladies qui proviennent de l'atonie des organes. Les eaux salines, par leurs qualités purgatives, détruisent d'abord les congestions saburrales et les empâtemens qui sont les

____

(1) M. Ganderax, inspecteur des eaux minérales de Bagnères, a établi dans sa demeure l'appareil fumigatoire de M. Galès, construit d'après les procédés ingénieux de M. Darcet, qui l'ont affranchi de toute espèce d'inconvéniens. Les fumigations sulfureuses que l'on donne avec cet appareil fournissent quelquefois un remède curatif de certaines maladies cutanées, et dans d'autres circonstances un auxiliaire très-utile dans le traitement de ces mêmes maladies au moyen des eaux thermales.

(211)

produits et les compagnons ordinaires de la
faiblesse ; et commencent à solliciter l'action
des forces digestives. Les bains , dont les
effets toniques et astringens ont été si justement préconisés depuis Bordeu jusqu'à nos
jours (1), secondent admirablement les facultés
stimulantes des sources ferrugineuses froides
qui complètent et confirment la curation.

C'est encore au moyen de ces eaux ferrugineuses , remède vraiment héroïque , que
nous avons vu disparaître par leur emploi ,
quelquefois seul et le plus souvent combiné ,
des indigestions ; des flatuosités fatigantes
presque habituelles , provenant de la langueur
de l'appareil digestif ; des écoulemens muqueux du vagin et de la matrice , résultant
du même principe ; des engorgemens abdominaux , des jaunisses , des infiltrations sé-
reuses des membres inférieurs , occasionnées
ou entretenues par l'inertie des solides en
général , et plus particulièrement par la laxité
des parties spécialement affectées. Nous avons
vu céder également à l'usage des eaux mar-

---

(1) Les eaux de Bagnères fortifient les parties , en leur
donnant le degré de force qu'elles doivent naturellement
avoir. *Bordeu , page 115.*

tiales des aménorrhées tirant leur source du relâchement de toute l'économie et d'un défaut de sensibilité du système utérin, de même qu'une hémorragie chronique de la matrice, qui tenait à la faiblesse générale de la constitution, et sur-tout à la laxité des fibres et des vaisseaux de l'utérus.

Il conste au surplus de notre propre expérience, que c'est avec juste raison que les eaux salines et ferrugineuses occupent un des premiers rangs parmi les nombreux remèdes auxquels on a attribué des vertus comme spécifiques contre l'affection scrofuleuse : et s'il est vrai, comme on ne peut en douter, que ces eaux, soit en bain, soit en boisson, pour avoir des avantages plus certains dans le traitement, doivent être soutenues dans leurs effets excitans par l'exercice qui doit toujours accompagner leur usage , par les bienfaits inappréciables d'un air plus vif, plus pur et plus fortifiant que celui que l'on respire dans les lieux où règne ce genre de maladie, par l'emploi des stimulans amers, des eaux sulfureuses au besoin, et d'un régime alimentaire tonique, l'on peut assurer qu'il n'existe aucun endroit connu par la réputation de ses eaux minérales, qui puisse offrir aux écrouelleux, comme Bagnères le peut actuellement, pendant quatre ou cinq mois de la belle saison, une semblable réunion de moyens curatifs les plus énergiques, ni le grand avantage de les mettre en pratique avec autant de facilité, d'agrément, de succès et d'économie.

5.º Qu'il est des cas où les eaux minérales suffisent seules pour amener la guérison; mais qu'il en est d'autres où elles ne sont qu'un auxiliaire très-utile, sans lequel néanmoins les autres remèdes ne produiraient aucun effet avantageux : que l'on doit souvent se préparer à l'action de ces eaux, tantôt par le secours des adoucissans et des tempérans, comme dans les cas d'acrimonies humorales et de maladies nerveuses avec prédominance d'irritation, tantôt par les purgatifs qui détruisent les complications saburrales si communes dans les états de chronicité, sur-tout rhumatismale, et qui sont une contre-indication formelle de l'usage des bains chauds : qu'enfin, il est des circonstances, à la vérité fort rares, où la saignée devient le meilleur remède préparatoire à l'emploi des eaux thermales, et que c'est quelquefois la qualité de ces eaux, ou leur degré de chaleur, et toujours la nature de la maladie, qui doit l'indiquer ou la défendre.

6.º Que les succès nombreux et permanens dans la curation des maladies chroniques, par l'emploi des eaux minérales, dépendent des lumières, du zèle et de la patience des médecins qui sont sur les lieux et qui doivent toujours être consultés; des notions écrites qui leur sont fournies par les médecins étrangers dans tous les cas qui l'exigent, et sur-tout de l'attention de ces derniers à ne pas attendre, pour recourir aux eaux minérales, que les maux des personnes qu'ils médicamentent aient jetté de profondes racines; et enfin de la part des malades, de leur résignation, de leur persévérance dans l'usage rigoureux des remèdes et du genre de vie qui leur sont ordonnés.

C'est par l'heureux concours de ces moyens tout-puissans, que nous pouvons nous promettre, aujourd'hui plus que jamais, de détruire la maligne influence des intrigans et des jaloux, et de replacer avec un nouvel éclat les fontaines médicinales de Bagnères-Adour, au rang distingué qu'elles doivent nécessairement occuper dans l'histoire des services éclatans rendus à l'humanité par les eaux minérales des Pyrénées.

QUATRIÈME PARTIE.

ARTICLE PREMIER.

DESCRIPTION

Des Etablissemens thermaux.

Ce serait tomber dans des répétitions inutiles que de parler ici des propriétés particulières des sources que chacun de ces établissemens renferme. Nous avons déjà rempli ce but en racontant l'histoire des maladies qui ont été guéries par chacune de ces sources. Nous nous contenterons donc de décrire chaque établissement thermal dans le même ordre que nous avons suivi lors de l'exposition des indications médicinales que chaque fontaine minérale peut remplir.

Eaux de Lannes.

Un charmant péristyle, au milieu duquel on voit une buvette, sépare quatre cabinets qui renferment chacun une belle baignoire en marbre, dans l'établissement dit de *Lannes*, appartenant aujourd'hui à M.ᵣ Carrère. Les deux baignoires de gauche sont alimentées par une source de 25 degrés de chaleur, et celles de droite par une autre source de 26 à 27 degrés. On voit à l'extrémité gauche du péristyle un chauffoir à cases numérotées.

L'heureuse position de la maison de M.ᵣ Carrère, dans la ville même et sur la route de Salut, et les commodités de toute espèce dont on y jouit, la fait rechercher avec empressement par les étrangers, qui trouvent réunis dans ce local des bains tempérés, un vaste logement composé de divers appartemens, avec salons, chambres à coucher, cabinets de toilette, etc., une galerie très-longue, un beau jardin, une basse-cour, des remises, une vaste écurie approvisionnée de tout ce qui est nécessaire à l'entretien des chevaux, qui sont soigneusement pansés par un palefrenier aux ordres de M. Carrère.

Bains du Pré.

Cet établissement situé hors de l'enceinte de la ville, est le second qui se présente à gauche sur la route de Salut. Il contient un grand vestibule avec une buvette, quatre cabinets ayant chacun une baignoire en marbre et un chauffoir.

Chaleur de 27 à 28 degrés.

Les malades impotens qui font usage des eaux du Pré, trouvent au-dessus des bains des appartemens commodes bien aérés, et une distraction continuelle qui leur est fournie par la beauté des sites environnans, et par le concours prodigieux d'étrangers qui se promènent ou qui fréquentent les sources minérales voisines.

Eaux de Lasserre.

C'est une circonstance heureuse que les eaux minérales de Lasserre, du nombre de celles qui sont le plus en vogue, soient placées dans l'enceinte même de la ville, et plus ou moins à portée de tous ceux qui en font usage. On trouve chez M.ʳ Lasserre, une galerie couverte ; à l'extrémité méridionale d'une belle cour ombragée , deux buvettes provenant de deux sources différentes, dont la plus abondante a 32 degrés de chaleur, et l'autre 27 , trois cabinets voûtés contenant chacun une baignoire, un chauffoir à cases numérotées, et des appartemens à louer.

Température de 27 à 40 degrés.

EAUX DU SALUT.

Ces eaux sont à un demi quart de lieue de la ville, à l'extrémité d'un charmant vallon ; la route sinueuse qui conduit à Salut est bordée d'arbres de différentes espèces, qui protègent de leur ombre les individus qui la parcourent. Un air frais et salubre, la variété pittoresque des paysages environnans, la verdure et la fraîcheur qu'entretiennent des ruisseaux limpides qui coulent des monticules voisins, la grande affluence d'étrangers dont la circulation continuelle et la diversité des costumes forment un tableau qui varie sans cesse, tout charme la vue, tout récrée l'imagination et augmente les délices d'une promenade qui seconde avec tant d'avantage l'efficacité des eaux de la source célèbre où l'on va puiser la santé. Une petite place plantée de tilleuls et garnie de sièges termine l'avenue du chemin de Salut.

Un péristyle, deux vastes salles entourées de sièges, dont l'une est le rendez-vous ordinaire d'une société choisie, une buvette à deux conduits, huit superbes cabinets voûtés, presque tous à colonnes, et autant de baignoires en marbre, dont cinq peuvent contenir quatre personnes, et une sixième dite le *grand-bain* dix femmes au besoin; des chauffoirs à cases numérotées, etc., etc., placent cet établissement vaste et commode au premier rang des monumens thermaux que l'on admire aux Pyrénées.

Chaleur de 26 degrés et demi à 27.

LA REINE.

LA source de la Reine, la plus abondante de toutes celles de Bagnères, jaillit à gros bouillons dans le lieu le plus pittoresque, d'où la vue s'étend vers la plaine et l'orient sur les sites les plus agréables et les plus variés. Ces bains furent construits par les soins de la reine Jeanne de Navarre, dont ils portent le nom, et qui trouva sa guérison dans l'emploi de l'eau bienfaisante qui les fournit. Il y a un petit vestibule, trois baignoires en marbre dans autant de petits cabinets, des douches qui fournissent toujours de l'eau au même degré, un petit réservoir et un chauffoir. On consacre à la boisson près de la moitié de cette fontaine minérale, qui coule par un conduit de marbre dans une sorte de piscine.

On se demande pour quels motifs on n'a pas construit le plus beau des établissemens thermaux pour mieux utiliser une source célèbre par ses vertus, et tellement féconde qu'elle donne, suivant le calcul de l'ingénieur *Lomet*, 195 pieds cubes d'eau par heure, et qu'elle pourrait suffire à l'entretien de plus de vingt baignoires, de quatre fortes douches, et à deux bains de vapeurs.

Chaleur 37 degrés.

EAUX DE PINAC.

On remarque chez M. Pinac, médecin, deux sources consacrées à la boisson, l'une à 33 degrés de chaleur, et l'autre qui est sulfureuse, est fraîche à 15 degrés, six cabinets très-propres et bien éclairés, avec une baignoire en marbre dans chacun d'eux, plusieurs chauffoirs à cases numérotées, un vaste réservoir bien voûté, d'où l'eau est conduite par un tuyau de plomb dans chaque bain, dans lequel on la fait couler, si l'on veut, pour tempérer l'eau de ce bain à volonté ; on peut même, lorsqu'on le désire, détourner l'eau qui coule habituellement dans la baignoire, ne laisser couler que celle du réservoir, et prendre ainsi un bain frais de 24 degrés.

Température de 15 à 33 degrés.

M. Pinac peut offrir aux étrangers plus de vingt lits de maître, dans des appartemens commodes, meublés avec élégance, des écuries, des remises, etc., avantages qui ajoutent un nouveau prix à un bel établissement thermal situé dans l'intérieur de la ville, et dans une des rues les plus fréquentées pendant la saison des eaux.

PETIT-BAIN.

LA source du Petit-bain qui jaillit à l'extrémité de la Rue Neuve, est encore une propriété communale exploitée dans ce moment par M. Lias, notaire, dans une maison qui lui appartient. On y a construit un chauffoir, trois cabinets et autant de baignoires. L'eau de deux bains peut se tempérer avec une source ferrugineuse abondante de 20 degrés, dont nous avons déjà parlé. On y prend des douches dont le volume et la hauteur varient en raison de la différence des tuyaux dont on se sert.

Chaleur de 20 à 38 degrés.

M. Lias peut loger commodément dix impotens, circonstance favorable dans un lieu dont les eaux sont principalement consacrées à la cure des rhumatismes et des paralysies.

LAGUTIÈRE.

L'ÉTABLISSEMENT de Lagutière, un des mieux soignés de ceux de Bagnères, a été reconstruit il y a quinze ans sur le plan qui existe aujourd'hui. On y remarque un superbe péristyle, à l'extrémité duquel est une pièce d'attente, qui sert en quelque sorte de salon et de lieu de repos quand on sort de la douche; sept cabinets très-propres, dont six contiennent chacun une baignoire en marbre et deux

robinets qui laissent couler à volonté dans
la baignoire, l'un l'eau minérale à la température naturelle, et l'autre la même eau raf-
fraîchie dans un réservoir bien couvert. La
douche occupe le huitième cabinet. On y voit
des tuyaux de grosseur et d'élévation différentes, et un long tuyau recourbé pour prendre une douche ascendante au besoin : il y
a deux chauffoirs à cases numérotées.

Température de 25 à 31 degrés.

C'est dans cet établissement, qui porte également le nom de *Frascati*, que se trouvent
réunis les bains dont nous venons de parler,
une salle de bal magnifique, un beau salon
de concert, un beau cabinet de lecture, des
salons pour le jeu, de grandes salles à manger,
de jolis appartemens, et, pendant la belle
saison, un *restaurat*. Ce grand et bel édifice,
encore susceptible de beaucoup d'améliorations et d'embellissemens, est, comme on l'a
déjà dit (*Ann. Statist.*), un monument de
goût et de magnificence.

BAINS DE MORA.

Les bains de Mora sont à l'extrémité oc-
cidentale de la rue de la Comédie. Deux

cabinets proprement tenus, et autant de baignoires en marbre, séparés par un petit vestibule où l'on voit un chauffoir à cases numérotées, composent cet établissement thermal. On y loue des appartemens meublés avec beaucoup de goût.

Chaleur de 26 à 40 degrés.

BAINS DE SANTÉ.

A la sortie de la ville, et en entrant dans la route de Salut, on aperçoit à gauche les bains de Santé, dont la construction élégante fixe l'attention. Une prairie riante, des cabinets de verdure, des allées plantées d'arbres de différentes espèces, un magnifique jardin ouvert au public, entourent de toutes parts ce charmant établissement, dont M. Dumoret, chevalier de St.-Louis, est le propriétaire. Aux parties latérales d'un beau vestibule sont placés six cabinets, bien éclairés et très-propres, contenant six baignoires en marbre. Au fond on voit une buvette qui laisse couler l'eau de l'ancienne source du Grand-Prieur, et un chauffoir qui a autant de cases numérotées qu'il y a de baignoires.

Température de 25 à 26 degrés.

BAINS DE VERSAILLES.

CES bains, placés à droite en allant à Salut, vis-à-vis les bains de Santé, se composent d'un vestibule, de quatre cabinets bien tenus et voûtés, d'autant de baignoires en marbre, dont deux à gauche sont alimentées par une source de 26 degrés de chaleur, et celles qui sont à droite, par une autre source de 28 degrés ; il y a aussi un chauffoir à cases numérotées, pour éviter la confusion des linges.

BAINS DE LA PEYRIE.

CET établissement est sur la route de Salut, à droite, aux pieds d'un grand amas de roches calcaires. On trouve à la Peyrie un petit vestibule, deux cabinets ayant chacun une baignoire en marbre, et un chauffoir. Température de 22 à 23 degrés.

PETIT-PRIEUR.

LES deux sources du Petit-Prieur surgissent

près de l'hospice civil dont elles sont une dé-
pendance. Il y a un vestibule , deux cabinets ,
une baignoire en marbre dans chacun d'eux ,
et un chauffoir.

Chaleur de 25 à 29 degrés.

BAINS DE BELLEVUE.

Il n'existe pas d'établissement thermal qui
soit aussi digne du titre dont on a décoré
l'ancien hospice des capucins qui porte aujourd'hui le nom de Bellevue. On jouit en
effet , sur une belle plate-forme gazonnée qui
domine la ville , d'une perspective délicieuse
qui s'étend sur la plaine , vers le nord et le
levant. La proximité de ce site charmant , la
facilité que l'on trouve à s'y rendre , en font
l'objet d'une promenade très-fréquentée par
les étrangers et les habitans de Bagnères qui
s'y livrent aux plaisirs de la danse , les jours
de fête , pendant cinq ou six mois de l'année.

On voit à Bellevue huit cabinets contenant
huit baignoires en marbre , alimentées par l'eau
de la Reine. On met l'eau des bains au degré
que l'on veut à la faveur dé deux robinets ,
dont l'un fournit de l'eau chaude , et l'autre

la même eau refroidie dans un grand réservoir ; on y voit encore trois douches que l'on
tempère suivant les indications que l'on veut
remplir, au moyen de deux robinets fixes de
différens diamètres ; plus élévés les uns que
les autres, et deux chauffoirs à cases numérotées.

Chaleur de 25 à 36 degrés et demi.

Ce beau local qui appartient à Mme Mon-
tagut, serait susceptible des plus belles améliorations. On n'y loge aujourd'hui que des
malades de la classe du peuple.

BAINS DE THÉAS.

LES diverses sources qui fournissent aux
bains de Théas jaillissent dans la ville même ,
exactement au pied du Mont - Olivet. Cet
établissement est composé de trois cabinets ;
ayant chacun une belle baignoire en marbre ;
de deux douches d'élévation et de volume
appropriés aux divers cas maladifs ; et com-
muniquant avec le bain n.º 2 ; et d'un chauffoir contenant autant de cases numérotées
qu'il y a de douches et de baignoires.

Chaleur de 24 à 41 degrés.

On remarque à Théas deux corps-de-logis : le premier, situé sur les bains, peut recevoir quinze étrangers, et le second s'étendant du levant au couchant, construit depuis peu de temps dans le genre le plus commode et le plus élégant, présente sept appartemens de maître, avec les assortimens et les dépendances nécessaires, une superbe galerie couverte et un aspect des plus charmans du côté du nord et du levant. Du côté du midi la vue porte sur un joli parterre, dominé par deux terrasses naturelles pittoresquement situées, où l'on remarque deux édifices thermaux et la promenade si fréquentée de Bellevue. Au couchant et sur le penchant du Mont-Olivet, une prairie verdoyante coupée par des allées sinueuses dont les bords sont garnis d'arbres les plus rares, et divers cabinets ombragés et fleuris, offrent aux étrangers une promenade et des points de repos, dont les charmes sont augmentés du côté du nord par un joli bosquet qui les avoisine et les protège.

BAINS DE CAZAUX.

L'ÉTABLISSEMENT thermal de Cazaux touche à celui de Théas. On y trouve six cabinets renfermant chacun une baignoire en marbre, où l'on fait couler au moyen de deux robi- nets de l'eau minérale chaude ou tempérée ; deux douches qui varient au besoin par leur élévation, leur chaleur et leur volume, et un chauffoir à cases numérotées.

Température de 24 à 41 degrés.

On loge à Cazaux une grande quantité de malades, qui sont bien aises d'être près des eaux dont on leur conseille l'usage.

ROC DE LANNES.

Il y a au Roc de Lannes deux baignoires en marbre, une douche et un chauffoir.

Chaleur 36 degrés.

EAUX DE SAINT-ROCH.

Il paraît que l'on se propose d'utiliser les eaux de St.-Roch comme par le passé ; mais jusqu'à présent on n'a fait que déblayer les ruines de cet ancien établissement, que l'on devrait se hâter de reconstruire. Dans le mo- ment actuel, les eaux de St.-Roch ne sont

employées que contre certaines espèces de
surdités qu'elles combattent avec beaucoup
d'avantage.

BAINS DU FOULON.

Ces bains, situés près de ceux de Cazaux,
le long d'une petite branche de l'Adour, portent le nom du foulon que l'on y voyait autrefois à côté. Deux vestibules très-étroits,
deux petits cabinets ayant une baignoire en
marbre chacun, séparés par une cloison de
l'ouest à l'est, et un chauffoir à cases numérotées, forment cet intéressant établissement,
si digne d'une construction plus vaste et mieux
entendue.

Température de 27 à 28 degrés.

FONTAINE-NOUVELLE.

Les eaux de cette fontaine, que l'on ne peut
remplacer à Bagnères, saillissent à côté de
celles du Dauphin (bain de 38 degrés de chaleur, où les pauvres se douchent et se baignent gratuitement dans deux vastes piscines),
sur un plateau construit en forme de terrasse,

quelques pas au-dessus des bains de Cazaux. Qui croirait que l'on ne trouve autour de cette source qu'un conduit qui, en laisse perdre une partie, un cabinet mal-propre, une baignoire en bois, où se confondent l'eau qui sert à la douche de 28 degrés de chaleur, et la moitié d'une autre fontaine qui en a 36. Nous pourrions rapporter ici d'autres observations qui viennent de nous être communiquées, pour faire sentir toute l'importance des propriétés particulières de la fontaine dont nous avons déjà proclamé les vertus ; mais ces propriétés ne sont-elles pas connues de nos administrateurs ?

Il faut le dire, puisque nous avons contracté l'engagement de ne taire aucune vérité, *les ruines de St.-Roch, la construction peu commode et le triste état des bâtimens qui renferment les eaux de la Reine, du Foulon et de la Fontaine-nouvelle, toutes trois de propriété communale,* déposent hautement contre l'égoïsme de certains magistrats qui ne surent jamais oublier qu'ils étaient eux-mêmes propriétaires de certains établissemens, dont ils voulaient fonder la vogue principale sur les ruines des édifices thermaux que nous venons de nommer.

Fontaine Ferrugineuse d'Angoulême.

Nous avons déjà donné la description et l'analyse des eaux de cette nouvelle fontaine. V. la p. 99 et suiv.

Fontaine Ferrugineuse de Carrère.

Nous avons signalé (page 117) le site de cette source que l'on a depuis long-temps entourée de sièges et couverte d'un toit de chaume: A peu de distance, une charmante rotonde présente aux buveurs un lieu de repos ombragé, où l'on respire un air frais et rempli du parfum des fleurs qui l'environnent.

On vient de terminer des réparations qui facilitent l'accès du vallon solitaire où coule la fontaine minérale qui l'embellit.

ARTICLE DEUXIÈME.

TABLEAU DES PROMENADES.

———

BAGNÈRES situé sur un sol que fertilise l'Adour, entouré de collines cultivées, dominé au loin par une chaîne de monts dont les pentes reculées rassurent les entours, et dont les bases se perdent insensiblement dans la plaine, offre de tous côtés des points de vue délicieux, des promenades qui semblent embarrasser pour le choix, et que l'on est néanmoins avide de parcourir. Tout ce que le pinceau du peintre et l'imagination du poète peuvent inspirer de plus enchanteur se trouve réuni dans ces sites pittoresques et romantiques qu'il serait impossible de bien décrire. Il faut, pour les connaître, venir se soumettre soi-même à des impressions que l'on ne peut rendre, et que doivent faire éprouver à tout être sensible, des beautés de tout genre dont la nature a comblé nos paisibles contrées. Nous nous bornerons donc à indiquer les promenades et les hauteurs plus ou moins éloignées que les étrangers peuvent fréquenter avec tant de plaisir, pendant leur séjour à Bagnères. (1).

PROMENADE

Aux Allées de Maintenon.

Ces allées, plantées d'arbres de différentes espèces, sont situées au midi de Bagnères,

---

(1) En décrivant la fontaine ferrugineuse d'Angoulême, nous avons parlé des charmantes promenades ménagées au sud-ouest de la ville, jusqu'au sommet du Mont-Olivet : celle qui conduit à *Salut* se présente la première ; il en a été question au sujet du tableau de ce bel établissement thermal. Page 218.

La promenade des *Coustous*, plantée d'un rang d'arbres dans sa circonférence, si fréquentée, tant à cause de sa position que des agrémens qu'elle offre, occupe le centre de la ville : un parapet en marbre qui sert de siège en ferme l'enceinte, et lui donne l'air d'un stade romain.

Il y en a une autre plus grande au nord de la ville, plantée de tilleuls et d'ormeaux, et entourée de sièges en bois, c'est la promenade des *Vignaux* ; lieu charmant où l'on respire à toute heure du jour un air libre et frais sur des tapis de verdure et à l'abri des ardeurs du soleil : de nouvelles avenues viennent d'être pratiquées pour faciliter l'accès de cette promenade située sur la route de Tarbes, dans la plus heureuse position.

sur une petite hauteur que l'on gagne en prenant la droite., immédiatement à la sortie
de la ville par la route de Campan. De cette
élévation la vue plonge délicieusement sur la
ville et la plaine de Bagnères à Tarbes, et
n'est bornée que par les côtes du Béarn, à
plus de sept lieues de distance (1). Une végétation active et riante se fait remarquer dans
les côteaux et les gorges cultivées que l'on
aperçoit à sa droite et à sa gauche ; des terrasses naturelles et des sièges ombragés qui
dépendent d'une maison de campagne qui
domine les Allées de Maintenon, permettent
de contempler à loisir un spectacle qui ne
fatigue jamais.

On continue sa promenade du nord au
midi, par un chemin large et commode,
en montant pendant quelques minutes d'une
manière peu sensible, et l'on arrive, après
avoir joui des plus beaux aspects du côté du
levant, à l'ancien couvent de *Médous*, à demi-
lieue de Bagnères, *capucinière* délicieuse,

----

(1) Nous observons ici, une fois pour toutes, que les
lieues dont nous parlons sont des lieues fortes de pays, de
trois milles toises chacune.

dit un de nos écrivains modernes (1), dont l'enceinte renferme une grotte située dans le jardin, au pied de la montagne. C'est de cette grotte que sort, par deux issues peu distantes l'une de l'autre, un beau ruisseau poissonneux dont le volume étonne, et qui, après avoir donné le mouvement à un moulin, circule dans les pentes voisines, et va se perdre dans l'Adour. On se retire en cotoyant la rive gauche de ce fleuve, par la grande route de Campan à Bagnères.

On consacre à cette promenade une partie de l'après-midi.

PROMENADE

A la Vallée de Bagnères ou de Lesponne.

C'est entre Beaudéan et Saint-Paul que débouche à droite la vallée qui porte communément le nom de vallée de Bagnères. Elle se dirige vers le sud-ouest et s'étend

____

(1) M. *Laboulinière*, auteur de l'Annuaire statistique du département, pour l'an 1807, qui a visité les environs de Bagnères avec le plus grand détail, et qui nous servira quelquefois de guide à nous-mêmes.

jusqu'aux bases du Pic du midi et du Mont-Aigu qui en dominent le sommet. Vers le tiers se trouve le village de *Lesponne* ; et dans un trajet à-peu-près égal au-delà, cette vallée présente un aspect enchanteur et une riante culture : les hauteurs sont couvertes de sapins. On parcourt à cheval la vallée entière qui a deux lieues d'étendue. (On peut arriver jusqu'à *Lesponne* en voiture.) On longe la rive gauche du torrent qui la parcourt : c'est une branche de l'Adour dont il porte le nom. Des maisons situées sur les deux rives de ce torrent, animent cette intéressante vallée. Un quart d'heure avant d'arriver à son extrémité, se présente une gorge dont le Pic du midi forme le fond : l'aspect de ce pic est imposant ; on pourrait le gravir de ce côté, mais avec de grandes difficultés.

A l'extrémité de la vallée, des ponts commodes facilitent le passage sur la rive droite de l'Adour, par laquelle on se retire pour visiter la charmante position de l'ancien prieuré de Saint-Paul.

Il faut cinq ou six heures pour faire cette course, et l'on peut revenir dîner à Bagnères.

Promenade

A la Grotte de Campan.

Il y a une lieue de Bagnères à Campan, chef-lieu de la vallée. Avant d'y arriver, on traverse le village de Beaudéan, et on laisse à droite Saint-Paul, à peu de distance de Campan. Sur le versant gauche, on trouve la célèbre grotte de ce nom. On y descend par une ouverture circulaire assez étroite, à l'aide d'une échelle, et l'on pénètre jusqu'au fond à la faveur des lumières ordinaires ou des torches. « Sa longueur est d'environ trois
» cents pas ; elle n'en a que trois ou quatre
» de large ; la voûte a depuis un jusqu'à
» quatre mètres d'élévation. Les curieux y
» admirent principalement d'énormes stalac-
» tites qui descendent de la voûte, et vien-
» nent reposer sur le sol, comme autant de
» colonnes d'un ordre singulier et bizarre qui
» n'est pas sans élégance : l'admirateur des
» beautés de la nature regrette que l'on ait
» brisé des chapiteaux, des frises, des orne-
» mens, des colonnes entières par un motif
» de curiosité que rien ne saurait excuser.
» On rencontre de temps en temps des pas-

» sages étroits et difficiles, et, pour atteindre
» l'extrémité, l'on est plusieurs fois obligé de
» se courber en s'appuyant sur les mains, et
» de plier son corps en divers sens, afin de
» franchir des obstacles qu'opposent d'énor-
» mes stalactites dont le volume s'accroît sans
» cesse, et finirait par obstruer la grotte si
» la main de l'homme n'y portait remède. Au
» fond, la grotte s'élargit, la voûte s'élève,
» et l'on voit sur le sol un immense plateau
» dont la surface uniforme annonce que cette
» masse est de même nature que les stalac-
» tites calcaires, et qu'elle doit sa formation
» aux mêmes causes. C'est là-dessus que l'on
» voit mille inscriptions diverses de nom et
» de dates, qui rappellent le souvenir des
» personnages plus ou moins célèbres qui ont
» parcouru ce lieu souterrain ». *Ann. Stat.*

On peut se rendre en voiture jusqu'à un quart d'heure de distance de la grotte. On trouve toujours sur la route des guides qui fournissent une échelle et des lumières.

VOYAGE A GRIP.

On arrive jusqu'à Grip en voiture, en par-courant l'espace de trois lieues. C'est à Sainte-

Marie que se fait l'embranchement de la vallée qui descend du Mont-Tourmalet. C'est sur-tout en parcourant l'espace de deux lieues, compris entre Campan et Grip, que l'on voit se réaliser, avec les contrastes les plus frappans, les merveilles de la belle nature si bien décrites par M. Ramond (1). Grip situé dans un bassin, est le dernier hameau que l'on remarque sur la route de Barèges par le Tourmalet.

On va rarement à Grip sans visiter les cascades formées par les eaux de l'Adour. La première est à demi-heure de distance. On l'aperçoit à partir de ce point : elle est formée par une chute d'eau de l'Adour tout entier. On se rend ensuite aux cabanes de l'*Artigue*, où l'on met pied à terre pour visiter la cascade de *Garet* : pour la voir dans toute sa beauté, et contempler aisément le site pittoresque où elle se trouve, l'on doit y aboutir en cotoyant la rive droite du torrent qui est formé par cette cascade, et non la rive gauche comme on le fait ordinairement. Après cette petite course à pied, l'on revient prendre ses chevaux aux cabanes de l'*Artigue*, pour se rendre à la troisième cascade, en

____

(1) Voyez notre préface.

suivant le chemin du Tourmalet. Cette dernière est plus considérable que celle de *Garet*; la chute d'eau se répète trois ou quatre fois, et produit le plus bel effet.

On voit à un quart d'heure de distance les cabanes de *Tramezaïgues*, situées dans une sorte de petit bassin correspondant à une gorge du Pic du midi. Ce pic présente majestueusement son flanc oriental aux regards de l'observateur étonné. On peut le gravir par la gorge dont il s'agit, mais avec moins de facilité que du côté de Barèges.

Il faut trois heures pour parcourir tous ces lieux. Il se présente toujours quelque guide à l'auberge de Grip, où l'on revient pour s'y restaurer. On trouve dans cette auberge des œufs, du beurre frais et des truites que l'on voit prendre dans un bassin. Les voyageurs de bonne appétit ont soin de se munir de bon vin et de quelques pièces de résistance.

VOYAGE

À la Marbrière de Campan.

La distance de Bagnères à la marbrière est, à très-peu de chose près, la même que celle de Bagnères à Grip. On consacre à cette course la majeure partie d'une journée. C'est encore à *Sainte-Marie* que se trouve, sur la gauche, le second embranchement de la vallée qui conduit à la marbrière, le long de la rive gauche d'une branche considérable de l'Adour, qui prend sa source au pied du Pic d'Arbison. En parcourant cette vallée, l'on aperçoit bientôt, sur le versant oriental, une suite de petites collines qui présentent les mêmes habitations et des cultures aussi riantes que celles que l'on avait déjà remarquées sur le côté droit.

Lorsqu'on a atteint le bassin de *Paillole*, la nature offre un aspect plus sauvage ; on touche à la région des sapins. Ce vaste bassin connu sous le nom de *Pré-de-St.-Jean*, présente du côté du midi d'immenses sapinières en forme de fer à cheval : il ne manquerait rien à ce beau spectacle, s'il était formé par des arbres dont la verdure fût plus riante que celle du sombre sapin. On laisse les voitures à l'auberge dite de *Paillole*, et l'on se rend à la marbrière qui est sur le versant du côté gauche, à environ vingt minutes de distance. On peut mener des chevaux jusqu'au bas du petit vallon qui renferme cette marbrière, que l'on doit visiter avec précaution, à cause des pierres mouvantes que l'on trouve

sans cesse sous ses pas. Cette immense carrière qui a été exploitée du temps de Louis
XV, et qui a fourni les marbres qui décorent
Trianon, présente encore d'énormes blocs en
partie sciés et détachés de la masse, qui
semblent attester l'abandon subit de son ex-
ploitation. Par ce vallon on peut communiquer avec Sarrancolin, situé dans la vallée
d'Aure ; les marbres de cet endroit appartiennent à la même masse. On nomme ce
passage la *Hourquette d'Aspin.*

On doit porter des provisions de bouche
à Paillole, où l'on trouve moins de ressources
qu'à l'auberge de Grip.

PROMENADE A LHEYRIS.

Les étrangers visitent souvent la montagne
de *Lheyris*, pour y admirer la vigueur de la
végétation et la beauté d'un grand nombre
de plantes, sur les traces du célèbre *Tournefort.*
On peut s'y rendre à cheval en passant par
les Palomières ; mais ordinairement on prend
le chemin le plus court, par le village d'Asté
qui se trouve au pied de la montagne. Une
masse énorme de marbre, d'une surface très-

étendue , que l'on connaît dans le pays sous le nom de *pène* , forme la cime de Lheyris, en s'avançant considérablement du côté du sud-est. C'est à l'excavation qui résulte de cette saillie qu'est dû l'écho qui répète , distinctement, une phrase lorsqu'on parle du bas du vallon. Quand on est au pied de cet immense rocher , on voit sur sa tête une demi-voûte d'une hauteur effrayante, qui tempère le plaisir qui résulte d'un spectacle aussi singulier.

On trouve à gauche, un passage dont l'ascension est assez difficile , qui conduit au sommet de la montagne, objet de la curiosité des étrangers. On y jouit d'un coup d'œil magnifique : la vue plane sur les monts environnans , et s'étend au loin du côté du nord et du couchant.

A peu de distance de là , vers le nord-ouest, on aperçoit le *Puits Darris*, profond abîme creusé dans le rocher, et l'asile d'une quantité prodigieuse de corneilles.

L'air que l'on respire sur ces hauteurs y excite l'appétit, et fait consommer avec volupté les vivres que l'on ne doit jamais oublier d'y porter.

Si du vallon de *Lheyris* on se dirige, sous

la conduite d'un guide, vers les cabanes *d'Ordinsède*, on arrive, après une heure de marche à travers des forêts, sur un plateau très-élevé, qui domine, d'un côté, sur une gorge voisine de Sarrancolin, et de l'autre, sur la vallée de Campan. C'est de ce point que l'on admire tout ce que la nature peut étaler de grandeur et de magnificence. L'heureuse position de Sainte-Marie, que l'on voit sous ses pieds, la variété des sites que l'on remarque à sa gauche, sur la route qui conduit au bassin de *Paillole*, entouré d'immenses forêts, et couronné par le Pic d'Arbizon ; les riantes végétations arrosées par l'Adour, et les riches cultures entourant de toutes parts d'innombrables habitations, qui semblent ne former qu'un seul village depuis Campan jusqu'à Grip, dominé par de nombreuses cascades et le Tourmalet ; la majestueuse élévation du Pic du midi que l'on aperçoit à droite, terminant le charmant vallon de Rimoula ; tout étonne, tout jette dans un ravissement extatique, et forme un immense tableau qu'il faut contempler sur les lieux-mêmes, et que la main du peintre le plus habile ne saurait jamais dignement tracer.

Des cabanes d'Ordinsède on arrive en une heure à la vallée de Campan, par un chemin pratiqué dans le roc, qui aboutit à une égale distance du bourg et de Sainte-Marie.

On passe un jour entier sur la montagne de Lheyris et ses environs, lorsqu'on veut y herboriser ou se retirer par Ordinsède ; mais quand les curieux n'ont pas ce but, une demi-journée suffit pour la visiter.

CAMP DE CÉSAR

ET VALLÉE DE TRÉBONS OU DE L'OUSSOUET.

EN allant à la vallée de Trébons par le chemin de Tarbes, on voit à gauche, vis-à-vis le village de Pouzac, à demi-heure de Bagnères, un monticule circonscrit qui porte le nom du premier empereur des romains : une seule habitation, entourée d'arbres et d'une prairie, sert de parure à ce plateau qui présente un point de vue magnifique vers le midi, le nord et le levant. Il est souvent fréquenté par les étrangers, à raison de sa proximité.

Il faut une journée pour parcourir la vallée de Trébons et ses alentours. Cette vallée présente, dans une étendue de deux lieues, des sites d'une extrême beauté ; une superbe végétation la décore avec luxe et magnificence dès les premiers jours du printemps. Des monts très-aigus, dont les flancs sont couverts de verdure, et presque tous boisés jusqu'au sommet, dominent sous le plus bel aspect ce fond de gorge qui se termine en forme de cirque. A l'entrée de ce cirque, on remarque à droite une éminence présentant la forme d'un cone. On arrive même à cheval jusqu'au plateau charmant que l'on trouve à la partie méridionale de cette élévation, qui domine du côté gauche une jolie cascade qui se précipite, dans une direction verticale, à travers des roches calcaires ; du côté du midi, l'abondante source sulfureuse de Labassère, située à demi-heure de distance, au pied du Mont-Aigu, et vers le couchant, différentes habitations du village de Germs, entourées de jolis bosquets et de riches pâturages. Lorsqu'on veut jouir en plein du beau spectacle que cette position peut offrir, on tourne le monticule à gauche, en se dirigeant vers le nord, et l'on parvient à la cime, après avoir surmonté quelques difficultés.

On peut du fond de cette vallée communiquer avec la gorge de Beaudéan ou de Bagnères, à travers des sapinières élevées qui sont de la plus grande beauté.

Le village de Soulagnets peut fournir un lieu de repos, où l'on répare ses forces avec des vivres dont on doit avoir soin de se munir. De Soulagnets on se rend à Labassère, où l'on visite en passant de superbes carrières d'ardoise, et l'on prend à gauche le chemin qui conduit sur la crête du coteau qui domine les villages de Pouzac et de Trébons, et même le Camp de César. La partie la plus élevée du monticule dont il s'agit offre de tous côtés un des plus superbes aspects qui soient au tour des Pyrénées. La vue s'étend à plus de vingt lieues du côté du couchant, vers la naissance de ces montagnes. En face on aperçoit un horizon immense qui se prolonge vers le bout oriental de la chaîne ; du côté du midi, le pic et ses alentours se présentent avec toute leur magnificence. On quitte à regret ces sommités, en dirigeant sa marche vers Trébons, où l'on reprend la grande route qui conduit à Bagnères, exactement au même point où l'on avait pris quelque temps auparavant le chemin de la vallée que l'on vient de parcourir. On peut néanmoins se retirer par un chemin plus court, en descendant vers le village de Pouzac, où l'on aboutit en laissant à gauche le Camp de César.

Les personnes qui craignent la fatigue, bornent leur course vers les deux tiers de la vallée dont nous parlons ; et, revenant sur leurs pas, elles s'arrêtent vers le milieu : c'est là, qu'à la faveur d'un ombrage frais, on fait avec délices un repas qu'assaisonnent l'appétit et la gaieté. Une maison de campagne appartenant à M. Dumoret, notaire à Bagnères, peut au besoin offrir un asile et un supplément aux objets dont on aurait négligé de se pourvoir. De là, pour varier agréablement la course, on prend un sentier qui se trouve à gauche et qui conduit à Labassère, par où l'on passe pour revenir à Bagnères.

On peut aller en voiture jusqu'à l'embouchure de la vallée ; mais on fait ordinairement ce voyage à cheval : les femmes préfèrent souvent des ânesses, comme des montures plus solides dans les lieux difficiles et caillouteux.

PROMENADE

A la Serre de Pouzac et à celle d'Ordizan.

LA promenade que nous allons indiquer n'offre pas à l'œil étonné ces beautés d'un genre sévère que nous venons de remarquer dans les vallées. Rien n'y porte la plus légère atteinte à ces douces émotions que l'on éprouve à la vue de la belle nature, parée de tous ses ornemens les plus enchanteurs.

Pour faire cette promenade, on dirige d'abord sa marche vers l'orient, sur la route de Bagnères à Toulouse, par St.-Gaudens, et immédiatement après avoir passé le deuxième pont, dit de *Pierre*, on tourne à gauche vers le nord, par un chemin large et facile. On marche pendant un quart d'heure dans la plaine, en tirant toujours sur la droite, à travers une abondante et riche culture. On trouve au bas du coteau que l'on va parcourir, une maison de campagne qu'on laisse ordinairement à gauche. Après une légère ascension de cinq minutes, on parvient sur le penchant du coteau.

C'est ici que commence le spectacle ravissant dont on va jouir. Une plaine charmante, diversifiée par des champs bien cultivés et de verdoyantes prairies, frappe d'abord vos regards. Bagnères, que l'on voit à gauche, aux pieds du Mont-Olivet et des allées de Maintenon, paraît occuper le milieu d'un magnifique bassin de forme ovoïde, dont l'extrémité méridionale est bornée par le bourg de Campan et les belles prairies qui le dominent, et l'extrémité septentrionale par le village de Pouzac, le Camp de César et le prolongement de la colline orientale qui lui correspond. En face, le village de Labassère, placé sur les hauteurs d'une gorge du côté du couchant, présente une perspective pittoresque, terminée par un rocher aigu très-élevé, sur lequel on aperçoit quelques restes d'une vieille tour féodale.

On arrive bientôt à la *Serre de Pouzac*, plateau délicieux qui domine ce village et qui présente l'aspect d'une terrasse ouvrage de l'art, mais dont la nature a fait seule tous les frais. A mesure qu'on avance vers le nord, sur un chemin de gazon, la perspective se porte sur une vaste étendue offrant d'immenses tapis de verdure, arrosés par les eaux paisibles de l'Adour. Ce fleuve qui serpente dans la plaine qu'il féconde, fait à peine entendre sur cette hauteur un léger murmure qui ajoute encore un nouveau trait au tableau qui vous séduit. En se tournant vers le couchant, la vue s'étend dans la plaine, depuis Campan jusqu'aux fertiles coteaux qui séparent le Bigorre du Béarn, dans un espace de neuf ou dix lieues. La grande route de Bagnères à Tarbes qui paraît à découvert dans un long trajet, toujours parcourue par des voyageurs à cheval ou en voiture, présente un tableau mouvant, qui s'anime encore davantage au moyen d'une lunette d'approche dont on se munit ordinairement. On verrait distinctement à l'œil nu les neuf villages placés à des distances à-peu-près égales, entre Tarbes et Bagnères, et qui semblent être un prolongement des faubourgs correspondans de ces deux villes, si les arbres et les bosquets qui entourent la plupart de ces villages ne les dérobaient à la vue.

Cependant l'étranger qui contemple avec tant de plaisir les beautés naturelles que nous n'avons pu que faiblement décrire, n'a vu qu'une partie du spectacle, peut-être unique au voisinage des Pyrénées, qui va bientôt frapper ses regards.

On revient sur ses pas à l'extrémité méridionale du plateau que l'on vient de parcourir, et l'on prend à droite un chemin qui conduit dans un quart d'heure, du midi au septentrion, au sommet d'un plateau plus avancé vers le nord, et plus élevé que le premier, dont il est séparé par un riant vallon : c'est la *Serre d'Ordizan*. C'est là que se trouve un des points de vue les plus magnifiques, sujet principal de notre indication. A sa gauche, on admire encore tous les objets dont nous venons de tracer l'esquisse, et l'embouchure de la vallée de Trébons. Vers le nord et le levant, jusqu'à la chaîne orientale des Pyrénées, on aperçoit dans une étendue que l'œil peut à peine mesurer, une quantité prodigieuse de villages, dans les sites les plus variés et les plus pittoresques, un mélange agréable et frappant de prairies, de bois, de guérets, des diversités de culture et d'objets qui charment la vue, en multipliant les points de repos, et fixent alternativement les regards de l'observateur étonné, transporté d'admiration. On voit à-la-fois les rives de l'Adour et celles de l'Arros : la vue se perd vers le nord ; elle se repose néanmoins quand l'atmosphère est dépouillée de vapeurs, sur Ibos, Tarbes, Vic-Bigorre, Rabastens, et, à huit lieues de distance, sur la longue flèche qui forme le fameux clocher d'Auriebat, bourg qui domine à-la-fois la plaine de l'Adour et celle de l'Arros, sur un des plus beaux points de vue que l'on puisse imaginer.

Du côté du midi, les Pyrénées se montrant sous la forme d'un demi-cercle, parées dans certains endroits d'immenses forêts de hêtres et de sapins, et dominées par les Pics du midi, d'Arbizon et du Mont-Aigu (1), présentent à l'observateur enchanté le contraste le plus frappant et le plus majestueux.

On s'éloigne avec peine de cette perspective, et l'on jette de temps à autre des regards avides sur des objets que l'imagination se plaît à retracer encore, lorsqu'on en est déjà loin. On se retire en parcourant du nord au midi toute l'étendue de la crête du coteau. Au levant, paraît l'ancien château de Mauvezin, situé sur un monticule très-élevé, d'où il domine les gorges voisines ; et on arrive bientôt sur la route de St.-Gaudens, après avoir remarqué sur la gauche des quantités considérables de sites et de beautés qui font éprouver des impressions analogues à celles dont on vient de jouir.

On ne peut approcher de Bagnères sans remarquer en face, sous l'aspect le plus favorable et le plus séduisant, cette foule de

______

(1) Élévation de ces trois pics au-dessus du niveau de la mer, d'après les calculs de MM. Vidal, Reboul, Ramond, etc.

	mètres.	toises.
Le pic du *Midi*.................	2,923.	1,506.
Le pic d'*Arbison*.................	1,885.	1,480.
Le pic *Mont-Aigu*.................	2,376.	1,219.

promenades et de points de repos pratiqués dans tous les sens sur le penchant du Mont-Olivet, où l'on voit circuler sans cesse des étrangers dont les mouvemens et la diversité de costume présentent un coup d'œil des plus charmans (1).

PROMENADE AUX PALOMIÈRES.

Sur la sommité déclive d'un immense plateau qui paraît à l'orient de Bagnères, comme un prolongement de la montagne de Lheyris, a été plantée symétriquement, et à des distances égales, une file de hêtres qui occupe environ demi-lieue d'étendue, du nord au midi : dans l'intervalle de ces hêtres, et quelquefois au-dessus, s'élève un filet teint en gris, qui remplit exactement l'espace qui se trouve entre les arbres ; à soixante-dix ou quatre-vingts pas,

---

(1) C'est aux soins de M. le chevalier Dufourc-d'Antist, maire actuel de Bagnères, que nous devons le complément d'une foule d'embellissemens si bien commencés par ses prédécesseurs ; le zèle de M. Dufourc a été secondé par M. Jalon, dont le nom se trouve toujours à côté des objets d'agrément où président l'art et le goût.

un homme tourné vers l'orient, placé dans une espèce de *cage* qui termine un trépied d'une hauteur effrayante, après avoir donné le signal d'usage, lance sur les *ramiers* qui passent à sa portée, des morceaux de bois fourchus ou grossièrement ailés, que les timides colombes prennent pour un oiseau de proie : leur frayeur est telle, que, quoique élevées fort souvent au-dessus du trépied, elles cherchent, en se précipitant vers la terre, à fuir l'ennemi, malgré que l'on jette toujours cet épouvantail de haut en bas ; et c'est au moment où elles se relèvent pour passer entre les arbres, dont l'espace est rempli par les filets, qu'une femme cachée par une semi-cabane, faite avec des branches garnies d'un feuillage vert, et placée à quatre ou cinq pas de la ligne, lâche les cordages qui tendent les *pentières*, qu'une pierre qui pend à des poulies, entraîne avec assez de rapidité pour envelopper quelquefois jusqu'à cinquante paires de pigeons-ramiers.

On imagine avec quel plaisir on voit prendre à ses côtés des volées entières de ces ramiers, dans un des plus beaux points de vue dont on puisse se faire une idée. Mais on ne peut guère jouir à son aise de cette belle perspective du côté du levant, par la crainte de fâcher les chasseurs qui savent que la moindre chose épouvante et fait rétrograder les ramiers, et qui ont soin d'avertir les curieux de se cacher aussitôt que ces oiseaux de passage commencent à paraître.

On peut se donner le plaisir de cette chasse dans une matinée ou une après-midi ; mais lorsqu'on veut goûter ce plaisir en entier, on consacre à cet exercice toute une journée. Les effets de cet exercice sont tellement secondés par la vivacité de l'air respiré sur ces hauteurs, que l'on y fait avec délices des repas que la facilité du transport et la proximité de la ville permettent de rendre aussi recherchés qu'on le désire. On peut à volonté faire cuire des pigeons ou des palombes, dans des cabanes qui servent d'abri lorsqu'on est surpris par un orage imprévu.

On se rend facilement en demi-heure à la partie des Palomières la plus voisine de Bagnères. On peut y arriver à cheval, et même en voiture, en prenant la grande route de St.-Gaudens, et en tournant en suite sur la droite, au sommet de la côte ; mais il faut des chevaux sûrs et des conducteurs prudens.

La chasse des ramiers commence vers le

milieu de septembre, et finit à la St.-Martin
(11 novembre.)

Je ne parle pas de l'Elysée Cottin : ce
vallon extrêmement étroit et d'un accès très-
pénible, doit bien plus la vogue dont il a joui
quelque temps, à la célébrité de la femme
dont il porte le nom, qu'aux impressions
agréables qu'il fait éprouver à ceux qui ont
la curiosité de le visiter.

Article troisième.

De Bagnères et de ses Ressources.

Bagnères, chef-lieu du deuxième arrondissement, est la seconde ville du département
par son importance et sa population qui
s'élève à plus de six mille ames. Elle est le
siège de la sous-préfecture, celui du tribunal
de première instance et d'un tribunal de commerce. Il y a une recette pour les contributions directes, un bureau d'enregistrement et
de conservation des hypothèques, un directeur
des contributions indirectes, un collége, une

poste aux chevaux, une poste aux lettres,
une brigade de gendarmerie, une justice de
paix, une mairie et un hôpital civil.

Une police active, une surveillance muni-
cipale sévère, veillent à Bagnères à la tranquillité commune; la sureté des personnes et
des propriétés y ont pour garans la morale
publique, l'intérêt bien entendu de tous les
habitans de la ville et des environs, et l'appareil imposant, mais bien inutile, d'un dé-
tachement de troupes de ligne que l'on est
dans l'usage d'y faire séjourner tous les ans
pendant quatre ou cinq mois de la belle saison.

§. 1.

SPECTACLE.

Une troupe de comédiens qui se rend tous
les ans à Bagnères, donne des représentations
depuis le commencement du mois de juillet
jusqu'à la fin d'octobre. Ces représentations
ont ordinairement lieu trois jours de la semaine, et cinq jours lors de la principale
affluence des étrangers.

§. 2.

BAL.

Le lundi et le vendredi, la plus belle

société se réunit à Frascati, pour s'y livrer aux plaisirs de la danse et de la musique. Le directeur de cette récréation reçoit des abonnemens à raison de 20 fr. par mois, 12 fr. pour 15 jours, pour les hommes ; 12 fr. par mois, 8 fr. pour 15 jours, pour les femmes : le billet d'entrée pour un seul jour est de 3 fr.

Quand une famille de souscripteurs est nombreuse, la quatrième personne ne paie rien.

Un buffet couvert de rafraîchissemens est servi dans une salle voisine de celle où l'on danse.

Parler de musique et de danse dans un recueil d'observations sur des maladies dont la cure a été produite par des eaux minérales, n'est-ce pas indiquer déjà deux moyens auxiliaires, dont l'un d'eux se suffit souvent à lui-même pour opérer les plus étonnantes guérisons ?

Nous voyons en effet, en ouvrant les fastes de la médecine, des sciatiques, des douleurs de goutte les plus violentes, des maladies vaporeuses, des frénésies, des accès d'affreuses mélancolies, ou des manies réfractaires à toute sorte de remèdes, être calmées ou dissipées, chez les gens du peuple comme chez les rois, par les effets enchanteurs de la musique sur les malades exposés à son action. Combien doivent être en général sensibles et salutaires les mouvemens opérés par une symphonie ravissante sur des individus atteints de maux nerveux, puisqu'on a vu des affections hystériques les plus graves entièrement guéries par le son harmonieux d'un simple violon ! (*Pomme.*)

D'un autre part, le médecin sait apprécier dans l'exercice de la danse un moyen qu'il peut faire concourir utilement à la cure des pâles couleurs, de l'aménhorrée, des écrouelles, des différentes affections nerveuses, de certains engorgemens abdominaux, etc.

Mais, s'il est une foule de maladies de l'esprit et du corps, où il convient de joindre une distraction agréable à un exercice salutaire qui provoque avec tant d'avantage la transpiration, et fortifie toute l'économie, n'y a-t-il pas aussi des précautions à prendre et des mesures à garder dans l'emploi de ces sortes de moyens curatifs ? Il est si facile d'abuser d'un genre de remède qui s'offre sous l'attrait du plaisir ! Les personnes sur-tout délicates qui par le conseil de leurs médecins se livrent à l'exercice de la danse, et les mères de famille qui président ordinairement à cet exercice, devront bien se rappeler :

Que la danse pour être favorable, ne doit

pas s'exécuter bientôt après le repas, ni se prolonger trop avant dans la nuit, aux dépens d'un sommeil toujours salutaire. Qu'il n'est pas sans inconvénient de prolonger son séjour dans un lieu qui renferme une grande quantité de personnes et où l'air, quelquefois très-chaud, altéré dans son ressort, s'éloigne plus ou moins de cette condition de l'air pur et frais, dont la respiration est si nécessaire à la vie. Que les émanations pulmonaires et celles de la surface du corps, jointes à la vapeur qui s'exhale des lumières, peuvent, dans les lieux échauffés et resserrés, méphitiser l'atmosphère au point de produire chez les personnes délicates du sexe, des mal-aises, des défaillances qui, sans de prompts secours, se termineraient par une asphyxie.

On n'oubliera pas enfin que la poussière qui se trouve dans un air long-temps respiré, devient un stimulant morbifique, -sur-tout pour des poumons irritables et naturellement faibles ; et que lorsqu'au sortir d'un bal, on n'a pas la précaution de se refroidir graduellement, en passant dans un appartement voisin, l'impression subite d'un air toujours froid relativement à celui que l'on vient de respirer, produit dans les organes pulmonaires fortement échauffés, et dont l'exhalation est presque aussi abondante que celle de la peau, des irritations, des constrictions spasmodiques locales qui interceptent la transpiration de ces viscères, et quelquefois même sympathiquement la transpiration cutanée, quelque soin que l'on ait de se couvrir; de là, des désordres qui traînent à leur suite des rhumatismes, des rhumes, des catarrhes plus ou moins opiniâtres, et très-souvent des inflammations aiguës ou chroniques les plus graves et les plus dangereuses de l'appareil respiratoire (1).

§. 3.

LECTURE.

ON trouve chez M. Jalon, professeur de dessin, place d'Uzer, un cabinet de lecture, où l'on voit notamment une collection complète de tous les ouvrages sur les Pyrénées, et une suite de *vues* pouvant servir d'itinéraire ou de guide dans les courses que l'on

---

(1) En général, les femmes doivent s'abstenir de la danse, ou au moins ne doivent s'y livrer qu'avec un extrême modération, pendant l'écoulement menstruel, lorsqu'elles allaitent, et sur-tout durant leur grossesse.

fait sur les montagnes. M. Jalon reçoit aussi tous les journaux politiques et littéraires. Il prend 6 fr. pour chaque mois d'abonnement.

M. Dossun, imprimeur-libraire, rue Neuve, n.º 3, peut offrir aux étrangers les ouvrages les plus récens, des cartes géographiques, et un cabinet de lecture assorti de tous les ouvrages sur les Pyrénées, de livres d'histoire, de littérature, et d'une collection complète de romans. Il prend des abonnemens à raison de 3 fr. par mois.

§. 4.

LOGEMENS.

Les Bagnerais ont soin, à l'envi les uns des autres, de meubler leurs appartemens dans le genre le plus nouveau, et sur-tout d'y entretenir la plus grande propreté. Leur manière d'afficher les appartemens est d'en tenir les fenêtres fermées. Les étrangers n'eurent jamais qu'à se louer de la politesse et des prévenances des habitans de Bagnères, qui offre durant la saison des eaux tous les agrémens et toutes les ressources des grandes villes.

§. 5.

COURRIER.

On jette les lettres à la poste les lundi, mercredi et vendredi, avant huit heures du soir, chez M. Soutras, directeur, rue du Collége, n.° 2. — Le courrier part les mardi, jeudi et samedi, et arrive les mêmes jours à quatre heures de l'après-midi.

§. 6.

VOITURES.

Il part tous les jours de Bagnères pour Tarbes une diligence qui revient le soir.

Dans la saison des eaux, il part, vers les quatre heures du soir, une autre voiture qui revient le lendemain matin.

Pendant l'été, le S.r Bérot-Samson, près la Paroisse, fait partir tous les dimanches, pour Pau, des voitures qui reviennent le mardi.

Le jeudi suivant, il en part d'autres qui reviennent le lendemain.

Durant la saison des eaux, une diligence
arrive de St.-Gaudens à Bagnères, les mercredi et samedi de chaque semaine, et repart
ordinairement le lendemain de son arrivée.

(266)

Durant la saison des eaux, une diligence
arrive de St.-Gaudens à Bagnères, les mercredi et samedi de chaque semaine, et repart
ordinairement le lendemain de son arrivée.

PROJET

D'UN GRAND ÉTABLISSEMENT THERMAL.

Au moment où nous finissions de livrer cet ouvrage à l'impression, nous avons acquis la certitude que Son Exc. le ministre de l'intérieur vient d'approuver le projet et les plans d'un grand établissement thermal conçu par M. le comte de Milon-de-Mesne, préfet des Hautes-Pyrénées. Ce projet dont l'exécution va s'effectuer incessamment, consiste à faire descendre jusqu'à la ville, et à réunir dans un même local, sans néanmoins les confondre, les sources de la Reine, de St.-Roch, du Dauphin et du Roc de Lannes. Ces sources que l'on n'utilise presque jamais sur les lieux où elles sourdent qu'au moyen de réfrigérans, ne perdront rien de leurs principes et de leurs vertus, en parcourant avec rapidité des canaux bien couverts où leur chaleur se conservera la même à très-peu de chose près. Les eaux de la Reine, les plus éloignées de toutes, qui ne perdent qu'un demi-degré de chaleur jusqu'à Bellevue, n'en perdront peut-être pas un degré jusqu'au beau local où l'on se propose de les exploiter en grand, et de la manière la plus avantageuse et la plus commode pour le public, ainsi que la source célèbre de St.-Roch, etc., dont les malades et les médecins déplorent depuis long-temps l'abandon et la perte.

Plus de vingt baignoires, des douches de toute espèce, des bains de vapeurs, un cabinet littéraire, des promenoirs couverts, des billards, etc., etc., que l'on se propose de réunir dans un même établissement, à côté d'une promenade plantée d'arbres divers, formeront un monument thermal *unique*, dont l'existence, en attestant l'administration paternelle du premier magistrat du département, commandera l'admiration publique, et en particulier chez tous les habitans de Bagnères, les sentimens de la plus profonde reconnaissance.

FIN.

TABLE

DES PRINCIPALES MATIÈRES

CONTENUES DANS CET OUVRAGE.

———

Préface.

Première Partie.

Seconde Partie.

Troisième Partie.

Quatrième Partie.

FIN DE LA TABLE.